人工智能专业教材丛书
国家新闻出版改革发展项目库入库项目
高等院校信息类新专业规划教材

数字信号处理

赵志诚 编

U0309709

北京邮电大学出版社
www.buptpress.com

内 容 简 介

本书是北京邮电大学"数字信号处理"高新课程的建设规划教材。本书紧密结合数字信号处理技术的发展与实际应用,注重将经典理论与工程技术相结合,系统地讨论了数字信号处理的基础理论、基本概念和基本分析方法。

本书特色鲜明,从当前教学与学生学习的实际情况出发,由浅入深、循环渐进、难易适中。本书可作为信息与通信工程、人工智能、电子信息科学与技术、计算机科学与技术、生物医学工程、网络空间安全等专业的本科生教材,也可供相关专业的科技人员参考。

图书在版编目(CIP)数据

数字信号处理 / 赵志诚编著 . -- 北京:北京邮电大学出版社,2022.7(2024.3重印)
ISBN 978-7-5635-6642-6

Ⅰ.①数… Ⅱ.①赵… Ⅲ.①数字信号处理—高等学校—教材 Ⅳ.①TN911.72

中国版本图书馆 CIP 数据核字(2022)第 073446 号

策划编辑:刘纳新 姚 顺 **责任编辑:**王小莹 **封面设计:**七星博纳

出版发行:北京邮电大学出版社
社　　址:北京市海淀区西土城路 10 号
邮政编码:100876
发 行 部:电话:010-62282185 传真:010-62283578
E-mail:publish@bupt.edu.cn
经　　销:各地新华书店
印　　刷:保定市中画美凯印刷有限公司
开　　本:787 mm×1 092 mm 1/16
印　　张:10.5
字　　数:255 千字
版　　次:2022 年 7 月第 1 版
印　　次:2024 年 3 月第 3 次印刷

ISBN 978-7-5635-6642-6　　　　　　　　　　　　　　　　定 价:28.00 元

· 如有印装质量问题,请与北京邮电大学出版社发行部联系 ·

人工智能专业教材丛书

编 委 会

当前正处于信息爆炸时代，互联网技术飞速发展，计算机视觉、机器学习、自然语言处理、机器人等人工智能相关技术相互支撑，并通过学科交叉覆盖到生物医学、天文地理、材料、航空航天、信息安全等不同领域。随着多网融合，多源跨模态数字信息大量增长，这些信息既方便了人们的工作学习，又丰富了人们的生活，而这离不开数字信号处理技术的应用和创新。

考虑到多学科交叉融合的趋势，除了信息工程、通信工程、自动化、电子科学与技术等电子信息类专业的学生外，生物医学工程、人工智能、软件工程、理学、地学等相关专业的学生也需要掌握数字信号处理的基础原理和方法。因此，作者基于多年在信号处理领域的科研体会和教学实践编写了本书，旨在通俗易懂地介绍数字信号处理的经典理论和基本方法。本书对当前大多数教材中大而全的内容进行了删减和修订，难易适中，以适配不同学科不同专业的教学需求。

本书分为 6 个章节：第 1 章介绍数字信号处理的基本概念、优点和典型应用等；第 2 章详细分析时域取样定理、离散时间系统、Z 变换、离散时间傅里叶变换（DTFT）、周期序列的离散傅里叶级数（DFS）、系统函数以及频率响应的相关内容等；第 3 章讨论频域取样定理、有限长序列的离散傅里叶变换（DFT）、快速傅里叶变换（FFT）以及频谱分析等内容；第 4 章和第 5 章分别介绍两种经典的数字滤波系统，其中第 4 章讨论无限冲激响应（IIR）数字滤波器的设计，第 5 章讨论有限冲激响应（FIR）数字滤波器的设计；第 6 章分别给出无限冲激响应数字滤波器和有限冲激响应数字滤波器的实现结构，并分析两者的异同和特点。

在此感谢苏菲和门爱东两位老师在本书内容组织和修订等方面提供的大力帮助。

由于作者的水平有限，书中难免有不妥或错误，恳请读者批评指正。

作　者

于北京邮电大学

目 录

第 1 章 绪 论

1.1 数字信号的基本概念

信号是传递信息的载体,在数学上可以用包含一个或多个变量的函数表示。例如,正弦函数 $f(t) = \sin t$ 可以用来描述一个随时间 t 周期性变化的连续信号,而二维高斯函数 $f(x, y) = \dfrac{1}{2\pi\sigma_1\sigma_2} e^{-\frac{1}{2}\left(\frac{(x-\mu_1)^2}{\sigma_1^2} + \frac{(y-\mu_2)^2}{\sigma_2^2}\right)}$ 可以用来描述图像处理中常用的 Gaussian 滤波器。上述两个例子中,信号具有明确的函数表示式,这一类信号称为确知信号,但在很多情况下,表示信号的函数关系未知或异常复杂,这一类信号则称为随机信号。

信号还可以从更多的角度进行分类。例如,根据信号在时间和幅度上是否连续,可以将其分为模拟信号和离散信号两种。

模拟信号是时间的连续函数,在定义域内的任意时刻信号都有幅度,且在某个范围内随时间连续变化。因此,模拟信号的特点是时间连续,幅度也连续。例如,人耳听到的音频信号、人眼捕捉到的视觉信号等都是模拟信号。模拟信号准确且具有无限精度,但不能直接为计算机存储、分析和处理。为了便于科学计算,首先要将模拟信号数字化,即将模拟信号在时间和幅度上分别离散化,随后再进行量化和编码。

相对于模拟信号,离散信号则是在离散的时间上定义的信号,即其时间变量仅取离散值,因此,离散信号又称离散时间信号。时间的离散化可以是等间隔的,也可以是不等间隔的,但为了处理方便,通常采取等间隔的方式进行。

若离散信号的幅度在一定范围内可连续取值,则称为取样信号,即信号在时间上是离散的,但幅度是连续的。进一步地,信号的幅度也可分为连续和离散两种。若将取样信号的幅度量化(离散化)并编码为二进制序列(码流),则称为数字信号,其特点是时间和幅度都是离散的。

量化就是用一些不连续的幅度逼近信号真实值的过程。该过程是不可逆的,且一定会带来量化误差或量化噪声,这是数字信号主要的噪声来源,是影响信号质量的重要因素。

可以看到,数字信号是离散信号的子集,若非特别强调,本书所说的离散信号也指数字信号。综上所述,模拟信号、取样信号和数字信号三者之间的关系如图 1.1 所示。

图 1.1 模拟信号、取样信号和数字信号的关系

图 1.2 给出了从模拟信号取样到数字信号生成的完整流程。

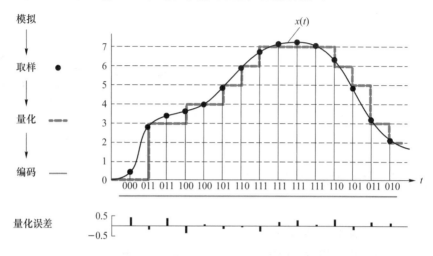

图 1.2 模拟信号的取样、量化和编码

1.2 数字信号处理的优点

信号处理是指对信号进行某种操作,如去噪、滤波、增强、变换、估计、检测、压缩、识别、传输、融合、重建等分析和处理过程。根据输入信号种类的不同,信号处理系统可以分成模拟系统(即从输入到输出的全流程均在模拟域进行)和数字系统(即输入、输出都是数字信号且分析处理流程在数字域进行)两类。

在当前的电子信息时代,借助于互联网,人们能快速搜索到感兴趣的多种信息,如文本、图像、音视频等。这些信息均以数字化的形式被存储、索引和管理。因此,通过输入关键词、短文本,搜索引擎能够快速反馈查询到关联的结果,甚至基于用户画像进行个性化推荐。人们能够如此方便快捷地获取所需的文本、图像和音视频,与信息的压缩编码、传输、分类、语义理解等数字信号处理技术的进步密切关联,而这得益于数字信号处理的诸多优点。与模拟信号相比,数字信号处理的优点包括且不限于如下几方面。

1. 精度高

模拟系统通常利用电感、电容、电阻等元器件来处理模拟信号。元器件受制作的材料工艺等因素的影响,自身精度较低(一般很难达到 10^{-4} 以上的精度),因此模拟系统也达不到较高的精度。而若将模拟信号数字化以后进行处理,则比较容易达到 10^{-5} 以上的精度(17 位字长就可以达到 10^{-5} 的精度)。因此,在一些要求高精密度的系统中,只能采用数字处理技术。

2. 可靠性高

模拟系统中各种参数受温度、湿度等环境影响较大,容易出现电磁感应、杂散效应,甚至震荡等现象,而数字系统受温度、环境影响较小。模拟信号受到干扰即产生失真,但数字信号抗干扰能力强。另外,用数字信号进行传输时还可以采用纠错编码纠正和检出传输误码,因此数字系统的可靠性比模拟系统高。

3. 便于加密处理

模拟信号的加密处理非常困难,而且容易被破解。但对数字加密来讲,以目前主流的个人计算机的运算能力,破解数字加密系统困难太大,而且数字加密系统可以随时更改密钥。

4. 便于合成、生成

数字信号很容易实现内容的合成、生成、恢复和重建。例如,对图像加水印和标记、将2D视频转成3D、根据文本生成图像、将图像根据风格进行迁移、利用深度生成网络写诗或者作曲等都是数字信号处理的具体应用。

5. 便于集成

数字信号处理的基本元件具有高度的规范性,易于大规模/超大规模集成电路的实现,保证了产品的标准化和一致性,便于大规模生产,在降低成本的同时,确保了可靠性和稳定性。

总之,信号数字化后,会带来许多显著的优点,当然也会带来缺点。例如,虽然目前数字化的频率越来越高,但数字系统的速度还不能达到处理很高频率信号(如几十 GHz 信号)的要求。但是,随着大规模集成电路、高速计算机的发展尤其是芯片技术的发展,这些问题已不那么突出,数字信号处理越来越显示出其优越性,在很多领域数字技术已逐步取代传统模拟技术,应用日益广泛。

1.3 数字信号处理的方法和应用

数字信号处理包括两大类研究内容:一类是信号的表示;另一类是信号的分析和处理。进一步地,信号表示涉及信号生成、特征提取等,而信号增强、去噪、滤波可归为信号的预处理范畴,信号的变换和分解、特征提取、表示和学习等则可以用来实现分类识别、查询检索、目标检测、语义分割等不同任务。

在数字信号处理技术的发展过程中,1965 年是一个重要的年份。这一年,James W. Cooley 和 John W. Tukey 在 *Mathematics of Computation* 上发表了题为"一种用机器计算复序列傅里叶级数的算法(An Algorithm for the Machine Calculation of Complex Fourier Series)"的论文,至此许多数字信号处理算法可以在时域和频域同时进行。在一些实际应用中,对信号在频域等变换域分析比在时域分析更为简单有效。例如,将语音信号通过短时傅里叶变换后提取频域特征已成为一种经典的语音特征表示算法,对语音识别的发展发挥了重要作用。而对图像进行二维离散傅里叶变换则能辅助实现图像压缩、图像显著性检测等视觉任务。总之,快速傅里叶变换的提出让数字信号处理学科得到了快速发展并逐渐形成了一整套较为完整的理论和工程体系。

实际上,数字信号由序列(通常可以用向量和矩阵表示)构成,对它的处理最终可以归结到对序列的各种数学运算,如加、减、乘、移位以及各种逻辑运算等。因此,上述数学和逻辑运算可分别采用软件和硬件来实现。

典型的软件处理方式(如 C++、C、Matlab、Python、R 等)都能借助于编译器完成各种处理算法的程序化实现。

硬件处理就是用加法器、乘法器、延时器、逻辑器件等基本数字器件以及它们的各种组合来构成专用的逻辑电路或专用的数字信号处理芯片,以实现所需要的运算。随着现场可编程逻辑器件(Field Programmable Gate Array,FPGA)、专用数字信号处理(Digital Signal Processing,DSP)芯片、图形处理器(Graphics Processing Unit,GPU)、人工智能(Artificial Intelligence,AI)芯片等的发展,云—边—端的协同处理方式已广为使用。国产芯片的设计和制造起步晚但发展较快。例如,华为 5 nm 工艺的麒麟 9000 芯片已经在多款手机和平板电脑中使用。但我们要清醒地认识到,主流国产芯片与国外高端芯片仍存在较大差距,尚需奋起直追。在人工智能等技术快速发展的时代,数字信号处理技术在日新月异地迭代,但其基础的理论是不变的,因此本书仍将对经典的数字信号处理的基础理论进行介绍和分析,并与实际的应用进行结合。

正如前言所述,科技创新是发展的强大驱动力,而对不同信息的有效利用则是基础前提,数字信号处理的研究范围和应用领域已覆盖了日常生活、工业国防等方方面面,同时,作为人工智能、5G/6G、大数据、物联网等新一代信息技术的一个理论基础,数字信号处理方法在与时俱进持续发展。

1.4 本书涉及的基础理论的内在关系

本书将数字信号处理的基础理论分为 5 个章节进行介绍:第 2 章由时域取样定理入手,重点讨论数字序列、离散系统、Z 变换和系统函数、离散时间傅里叶变换(Discrete-Time Fourier Transform,DTFT)和频率响应;第 3 章从工程应用的角度着重介绍频域取样定理、离散傅里叶变换(Discrete Fourier Transform,DFT)、快速傅里叶变换(Fast Fourier Transform,FFT)等;第 4 章分析无限冲激响应(Infinite Impulse Response,IIR)数字滤波器;第 5 章分析有限冲激响应(Finite Impulse Response,FIR)数字滤波器的设计;第 6 章给出上述两种滤波器的实现结构。这些基础理论的内在关系如图 1.3 所示。

对于本书的研究对象——数字信号和线性时不变离散系统,如何从时域和频域对其进行全面分析是核心。时域分析基于线性卷积展开,而频域分析的关键是频率响应(离散时间傅里叶变换)。当信号 $x(n)$ 通过一个数字系统 $h(n)$ 时,通过线性卷积,其输出 $y(n)=x(n) * h(n)$ 就能确定,将这一关系映射到频域,则能获得下列 3 个基本关系。

① 系统函数:

$$H(z) = \frac{Y(z)}{X(z)} \tag{1.1}$$

② 频率响应:

$$H(\mathrm{e}^{\mathrm{j}\omega}) = \frac{Y(\mathrm{e}^{\mathrm{j}\omega})}{X(\mathrm{e}^{\mathrm{j}\omega})} = \mid H(\mathrm{e}^{\mathrm{j}\omega}) \mid \mathrm{e}^{\mathrm{j}\varphi(\omega)} \tag{1.2}$$

③ 离散傅里叶变换：

$$H(k) = \frac{Y(k)}{X(k)} \tag{1.3}$$

上述关系比较全面地刻画了数字信号的频域特征，并支撑了本书的核心内容，这些关系将在后续章节依次展开并深入讨论。

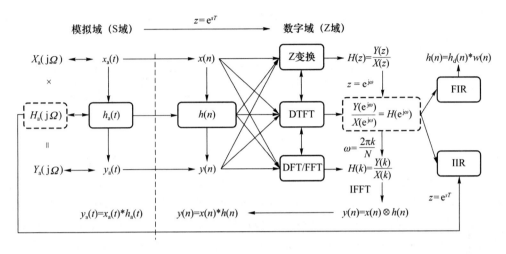

图 1.3 本书主要内容的内在关系

第2章 离散时间信号与离散时间系统分析

离散时间信号与离散时间系统分析的基本理论是数字信号处理的基础。数字信号处理是研究如何用数字序列表示信号以及如何对这些序列进行分析和处理的一门学科,有着深厚而坚实的理论基础。在离散时间信号和离散时间系统分析中,信号用序列表示,系统则用差分方程描述,变换域分析则采用 Z 变换或离散时间傅里叶变换。本章重点介绍时域取样定理及其应用、离散系统的时域分析和频域分析、线性时不变系统的系统函数和频率响应以及两者的关系。

2.1 信号的取样和内插

对连续时间信号进行数字化处理时,首先,对模拟信号进行取样,使其变成离散时间信号;其次,对取样信号进行量化和编码,将其数字化;再次,将数字化信号送入计算机或数字滤波器进行处理;最后,把数字处理的结果恢复成连续信号(内插)。

2.1.1 时域取样

离散时间信号 $x(n)$ 可以通过对连续时间信号 $x_a(t)$ 进行等间隔周期取样得到,如图 2.1 所示。

$$x(n) = x_a(t)\big|_{t=nT} = x_a(nT) \tag{2.1}$$

其中:T 称为取样周期(间隔),单位为秒;$f_s = 1/T$ 称为取样频率,表示每秒取样的点数,单位为 Hz。对于同一个连续时间信号,利用不同的取样周期进行取样将得到不同的序列。

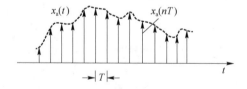

图 2.1 连续时间信号的取样

假设带限信号 $x_a(t)$ 的最高频率为 Ω_{max}，傅里叶变换为 $X_a(j\Omega)$。可以看出，对 $x_a(t)$ 取样实际上就是将 $x_a(t)$ 与周期单位冲激序列（也称为取样函数）$p(t)$ 相乘，如图 2.2 所示，相乘结果用 $\hat{x}_a(t)$ 表示，$\hat{x}_a(t)$ 称为理想取样信号。

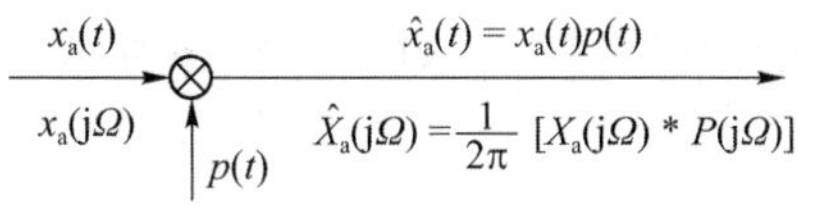

$$x_a(t) \otimes \xrightarrow{\hat{x}_a(t) = x_a(t)p(t)}$$

$$x_a(j\Omega) \qquad \hat{X}_a(j\Omega) = \frac{1}{2\pi}[X_a(j\Omega) * P(j\Omega)]$$

$$p(t)$$

图 2.2　连续时间信号的理想取样模型

其中，取样函数 $p(t)$ 为

$$p(t) = \sum_{n=-\infty}^{\infty} \delta(t - nT) \tag{2.2}$$

则

$$\hat{x}_a(t) = x_a(t)p(t) = \sum_{n=-\infty}^{\infty} x_a(t)\delta(t - nT) = \sum_{n=-\infty}^{\infty} x_a(nT)\delta(t - nT) \tag{2.3}$$

式(2.3)表明，取样信号 $\hat{x}_a(t)$ 可以表示为无穷多个 δ 函数的加权组合，权值是连续时间信号 $x_a(t)$ 在各个取样点上的取样值。

由于 $p(t)$ 是周期单位冲激序列，周期是 T，因此其傅里叶变换也是频域上的周期单位冲激序列，幅度为 $\frac{2\pi}{T}$，即

$$P(j\Omega) = F\left[\frac{1}{T}\sum_{n=-\infty}^{\infty} e^{jn t \Omega_s}\right] = \frac{2\pi}{T}\sum_{n=-\infty}^{\infty} \delta[j(\Omega - n\Omega_s)] \tag{2.4}$$

其中 $\Omega_s = \frac{2\pi}{T}$。

由傅里叶变换的卷积定理可得 $\hat{x}_a(t)$ 的频谱为

$$F[\hat{x}_a(t)] = \hat{X}_a(j\Omega) = \frac{1}{2\pi}[X_a(j\Omega) * P(j\Omega)] = \frac{1}{T}\sum_{n=-\infty}^{\infty} X_a[j(\Omega - n\Omega_s)] \tag{2.5}$$

因此，理想取样信号的频谱是由原连续时间信号的频谱以 Ω_s 为周期进行周期延拓形成的。也就是说，时域取样将导致频域的周期化。假设 $\Omega_s \geqslant 2\Omega_{max}$，$X_a(j\Omega)$ 与 $\hat{X}_a(j\Omega)$ 的波形如图 2.3(a)所示。由图中可以看出，$\hat{X}_a(j\Omega)$ 的频谱包含原信号 $x_a(t)$ 的频谱以及无限个经过平移的原信号频谱，频谱的幅度为原来的 $\frac{1}{T}$，平移的角频率等于 $\Omega_s = \frac{2\pi}{T}$，角频率的倍频即 $n\Omega_s = \frac{2\pi n}{T}$，其中 n 为整数。

因此，假设 $x_a(t)$ 是一带限信号，且频谱为

$$X_a(j\Omega) = \begin{cases} X_a(j\Omega), & |\Omega| \leqslant \dfrac{\Omega_{max}}{2} \\ 0, & |\Omega| > \dfrac{\Omega_{max}}{2} \end{cases} \tag{2.6}$$

只要

$$\Omega_s = 2\pi f_s \geqslant 2\Omega_{max} \tag{2.7}$$

即取样频率 $f_s = \dfrac{\Omega_s}{2\pi}$ 至少是信号最高频率 f_m 的两倍，$\hat{X}_a(j\Omega)$ 的频谱就不会发生混叠。当式(2.7)取等号时，称 $f_s = 2f_m = \dfrac{\Omega_{max}}{\pi}$ 为奈奎斯特取样频率，如图 2.3(b)所示；当 $\Omega_s < 2\Omega_{max}$ 时，频域出现混叠，原信号不能无失真恢复，如图 2.3(c)所示。

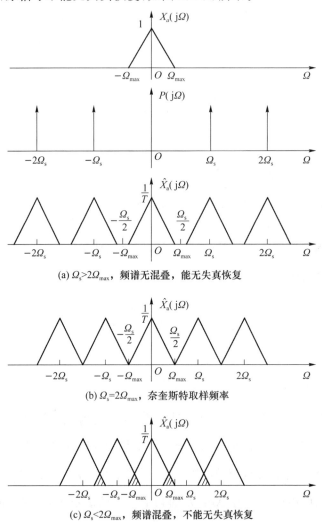

(a) $\Omega_s > 2\Omega_{max}$，频谱无混叠，能无失真恢复

(b) $\Omega_s = 2\Omega_{max}$，奈奎斯特取样频率

(c) $\Omega_s < 2\Omega_{max}$，频谱混叠，不能无失真恢复

图 2.3　理想取样信号的频谱

奈奎斯特取样定理：假设连续时间信号 $x_a(t)$ 的最高频率为 f_m，对其取样时，只要取样频率 $f_s \geqslant 2f_m$，就可以由取样序列 $x_a(nT)$ 无失真恢复出原连续时间信号 $x_a(t)$。该定理同时表明，对于工程中常用的非带限模拟信号，在取样前先让其通过一个"抗混叠"滤波器(低通滤波器)是必要的。

需要指出的是，取样频率并非越高越好，在具体应用中需综合权衡精度、速度、存储等因素以确定较为适中的值。此外，还需考虑连续时间信号的波形特点。例如，对于 5G 等窄带高频信号，在符合一定条件的欠取样(低于奈奎斯特取样频率)情况下信号的频谱也不会混叠，在低取样频率条件下能获得较高的传输效率。对于其他取样函数及方法，可参阅相关资料。

【例 2.1】已知 $x_a(t) = 3\cos(2\pi \times 1\,000t)u(t)$，用取样频率 $f_s = 5\,000$ Hz 对其取样，得到取样信号 $\hat{x}_a(t)$，求 $\hat{x}_a(t)$ 的表达式。

解：$T = \dfrac{1}{f_s} = 2 \times 10^{-4}$ s

$$\hat{x}_a(t) = \sum_{n=-\infty}^{\infty} x_a(t)\delta(t-nT) = \sum_{n=-\infty}^{\infty} x_a(nT)\delta(t-nT) = 3\sum_{n=0}^{\infty} \cos\left(\frac{2\pi}{5}n\right)\delta(t-2\times10^{-4}n)$$

2.1.2 理想内插

如果满足奈奎斯特取样定理，即取样频率大于或等于信号最高频率的 2 倍，则可以由取样信号经内插重构无失真恢复原信号 $x_a(t)$。由式(2.5)可知，当 $|\Omega| < \dfrac{\Omega_s}{2}$ 时，$\hat{X}_a(j\Omega) = \dfrac{1}{T}X_a(j\Omega)$，因此，让其通过一个理想低通滤波器 $H(j\Omega)$，就可以得到原信号频谱，这个过程称为理想内插，如图 2.4 所示。其中：

$$H(j\Omega) = \begin{cases} T, & |\Omega| < \dfrac{\Omega_s}{2} \\ 0, & |\Omega| \geqslant \dfrac{\Omega_s}{2} \end{cases} \tag{2.8}$$

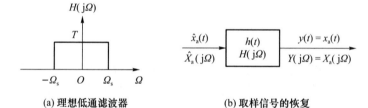

(a) 理想低通滤波器　　　　　(b) 取样信号的恢复

图 2.4　理想内插

具体分析如下，由于

$$y(t) = \hat{x}_a(t) * h(t) \tag{2.9}$$

且

$$h(t) = \frac{1}{2\pi}\int_{-\infty}^{\infty} H(j\Omega)\mathrm{e}^{j\Omega t}\,\mathrm{d}\Omega = \frac{T}{2\pi}\int_{-\frac{\Omega_s}{2}}^{\frac{\Omega_s}{2}} \mathrm{e}^{j\Omega t}\,\mathrm{d}\Omega$$

$$= \frac{\sin\left(\dfrac{\Omega_s t}{2}\right)}{\dfrac{\Omega_s t}{2}} = \frac{\sin\left(\dfrac{\pi t}{T}\right)}{\dfrac{\pi t}{T}} \tag{2.10}$$

因此

$$y(t) = x_a(t) = \hat{x}_a(t) * h(t) = \int_{-\infty}^{\infty} \hat{x}_a(t)h(t-\tau)\,\mathrm{d}\tau$$

$$= \int_{-\infty}^{\infty} \left[\sum_{n=-\infty}^{\infty} x_a(nT)\delta(t-nT)\right]h(t-\tau)\,\mathrm{d}\tau$$

$$= \sum_{n=-\infty}^{\infty}\int_{-\infty}^{\infty} x_a(nT)\delta(t-nT)h(t-\tau)\,\mathrm{d}\tau = \sum_{n=-\infty}^{\infty} x_a(nT)h(t-nT)$$

$$= \sum_{n=-\infty}^{\infty} x_{\mathrm{a}}(nT) \frac{\sin\left[\dfrac{\pi(t-nT)}{T}\right]}{\dfrac{\pi(t-nT)}{T}} \tag{2.11}$$

式(2.11)称为信号重构的内插公式。$\dfrac{\sin\left[\dfrac{\pi(t-nT)}{T}\right]}{\dfrac{\pi(t-nT)}{T}}$ 称为内插函数,它是具有离散时延

的 sinc 函数,在 $t=nT$ 的取样点上的函数值是 1,在其余取样点上的函数值是 0,如图 2.5(a)所示。$x_{\mathrm{a}}(t)$ 等于各点的取样值乘对应内插函数值的加权和。由于在每一个取样点上,只有该点所对应的内插函数的值不为 0,因此,被恢复的信号 $x_{\mathrm{a}}(t)$ 在各取样点的值才等于原信号 $x_{\mathrm{a}}(t)$ 在对应取样时刻 $t=nT$ 的样本值 $x_{\mathrm{a}}(nT)$。取样点之间的信号则是由无穷个时延后的 sinc 函数乘对应的取样值 $x_{\mathrm{a}}(nT)$ 后叠加而成的,如图 2.5(b)所示。

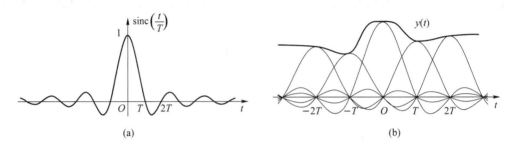

图 2.5 连续信号的内插表示

需说明的是,理想内插在时域上对应无穷个 sinc 函数的叠加,能够无失真恢复原模拟信号,但这是难以实现的,理论需结合具体实践。实际的数模变换器经常采用零阶保持内插等方法经平滑滤波后逼近原模拟信号,这意味着取样点间的波形将随内插方法的不同而不同,具体内容可参阅相关资料。

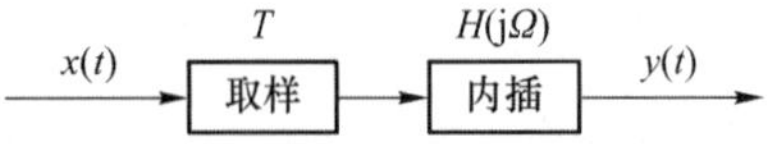

【例 2.2】有图 2.6 所示的理想取样、内插系统,信号经过取样频率为 $\Omega_{\mathrm{s}}=7\pi$ rad/s 的理想取样后,再通过理想内插滤波器进行还原,滤波器频率响应为 $H(\mathrm{j}\Omega)=\begin{cases} 0.6, & |\Omega|<3.5\pi \\ 0, & |\Omega|\geqslant 3.5\pi \end{cases}$,求信号

图 2.6 理想取样、内插系统

$x_1(t)=\cos 3\pi t$ 和 $x_2(t)=\cos 4\pi t$ 分别输入系统后产生的输出 $y_1(t)$ 和 $y_2(t)$,并说明是否产生了失真。

解:因为

$$\Omega_{\mathrm{s}}=7\pi, \Omega_1=3\pi, \Omega_2=4\pi$$
$$\Omega_{\mathrm{s}}>2\Omega_1, \Omega_{\mathrm{s}}<2\Omega_2$$

所以对 $x_1(t)$ 的取样不产生频谱混叠,对 $x_2(t)$ 的取样产生频谱混叠。如图 2.7 所示,$x_2(t)$ 的频谱经过周期延拓通过截止频率为 3.5π rad/s 的低通滤波器后还原的信号 $y_2(t)$ 与 $y_1(t)$ 相同。

$y_1(t)=0.6\cos 3\pi t$,无失真。

$y_2(t)=0.6\cos 3\pi t$,有混叠失真。

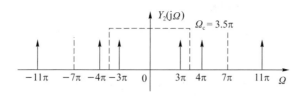

图 2.7　$y_2(t)$ 的频谱

2.2　离散时间信号——序列

自变量为离散时刻的信号称为离散时间信号。该信号只在离散时刻有值，而在两个取样间隔内的值为零或未知。处理离散时间信号时，除了离散时间点上的数值外，通常只关心信号出现的先后顺序或者相对时间，而不关心它出现的绝对时间，因此，可以将 nT 简化为 n，将 $x(nT)$ 简记为 $x(n)$。令 $x(n)$ 表示离散时间信号，n 是只能取整数时刻的离散变量。

2.2.1　序列的运算

离散时间序列的基本运算包括相加、相乘、移位、反转、累加、卷积等。假设 $x(n)$、$h(n)$ 表示运算前的序列，$y(n)$ 表示运算后的序列。

1. 相加

$$y(n)=x(n)+h(n) \tag{2.12}$$

相加表示将两个序列中序号 n 相同的样本值对应相加。

2. 标量乘法

$$y(n)=ax(n) \tag{2.13}$$

其中 a 为常数，即序列的每个样本值都乘以 a。

3. 相乘

$$y(n)=x(n) \cdot h(n) \tag{2.14}$$

相乘表示将两个序列中序号 n 相同的样本值对应相乘。

4. 移位

$$y(n)=x(n-n_0) \tag{2.15}$$

其中 n_0 是整数。当 $n_0>0$ 时，则序列延迟（右移）了 n_0 个样点；当 $n_0<0$ 时，则序列超前（左移）了 n_0 个样点。

5. 反转

$$y(n)=x(-n) \tag{2.16}$$

反转表示以原点为中心，将序列左、右反转（镜像）。

6. 累加

$$y(n) = \sum_{k=-\infty}^{n} x(k) \tag{2.17}$$

累加表示 $y(n)$ 在某一个时刻 n 上的值等于当前以及之前所有 n 上的 $x(n)$ 值之和。

7. 离散线性卷积(序列的卷积和)

离散线性卷积是求离散线性时不变系统零状态响应的主要方法。两个序列的离散线性卷积定义为

$$y(n) = x(n) * h(n) = \sum_{k=-\infty}^{\infty} x(k)h(n-k) \tag{2.18}$$

两个序列线性卷积的结果仍是一个序列。

2.2.2 常用序列

1. 单位冲激序列 $\delta(n)$

定义:

$$\delta(n) = \begin{cases} 1, & n=0 \\ 0, & n\neq 0 \end{cases} \tag{2.19}$$

2. 单位阶跃序列 $u(n)$

定义:

$$u(n) = \begin{cases} 1, & n\geqslant 0 \\ 0, & n<0 \end{cases} \tag{2.20}$$

从定义可以得出,单位冲激序列与单位阶跃序列有如下关系:

$$u(n) = \sum_{k=0}^{\infty} \delta(n-k) \tag{2.21}$$

$$\delta(n) = u(n) - u(n-1) \tag{2.22}$$

3. 矩形序列 $R_N(n)$

定义:

$$R_N(n) = \begin{cases} 1, & 0\leqslant n\leqslant N-1 \\ 0, & 其他 \end{cases} \tag{2.23}$$

4. 指数序列 a^n

定义:

$$x(n) = a^n \tag{2.24}$$

其中 n 为整数。如果 a 为任意实数,则序列为实指数序列,且当 $|a|<1$ 时,序列收敛;当 $|a|>1$ 时,序列发散。如果 a 为任意复数,即 $a=re^{j\omega_0}$,其中 r 和 ω_0 为任意实数,则序列为复指数序列。如果 a 是幅度为 1 的复数,则 $x(n) = e^{j\omega_0 n} = \cos\omega_0 n + j\sin\omega_0 n$,其实部和虚部分别是下面要介绍的余弦序列和正弦序列。

5. 余弦/正弦序列

余弦/正弦序列的定义分别如下:

$$x(n) = A\cos(\omega n + \varphi) \tag{2.25}$$

$$x(n) = A\sin(\omega n + \varphi) \tag{2.26}$$

其中:A 为序列的幅度;ω 为数字域角频率,单位是弧度(rad),它表示序列变化的速率,即两个相邻序列值之间变化的弧度值;φ 为初始相位,单位是弧度。

6. 周期序列

如果存在一个正整数 N,使得序列 $x(n)$ 满足式(2.27):

$$x(n) = x(n+N) \tag{2.27}$$

其中 N 是整数,则称序列 $x(n)$ 为周期序列,满足式(2.27)的最小正整数 N 称为序列的周期。特别要注意的是,连续时间余弦/正弦信号是周期信号,但是余弦/正弦序列不一定是周期序列。下面以正弦序列为例进行说明。

设 $x(n) = A\sin(\omega n + \varphi)$,则有 $x(n+N) = A\sin[\omega(n+N) + \varphi] = A\sin(\omega n + \omega N + \varphi)$,若 $N\omega = 2\pi k$,则 $x(n) = x(n+N)$。根据周期序列的定义可知,此时正弦序列是周期序列,周期为 $N = \dfrac{2\pi k}{\omega}$($N$、$k$ 为整数)。具体地,

(1) 若 $\dfrac{2\pi}{\omega} = N$ 为整数,则正弦序列是周期序列,且周期为 N。

(2) 若 $\dfrac{2\pi}{\omega} = \dfrac{N}{M}$ 是不可约有理数,则正弦序列是周期序列,且周期为 N。M 表示正弦序列一个周期(N 个样值)覆盖的模拟正弦信号的周期数。

(3) 若 $\dfrac{2\pi}{\omega}$ 为无理数,则正弦序列不是周期序列。

【例 2.3】判断以下序列是否为周期序列,如果是,求出其周期。

(1) $x(n) = \sin\dfrac{3\pi}{11}n$;

(2) $x(n) = \sin 0.4n$。

解:(1) 因为 $\omega_0 = \dfrac{3\pi}{11}$,则 $\dfrac{2\pi}{\omega_0} = \dfrac{22}{3}$ 为有理数,所以该序列是周期序列,周期为 22。

(2) 因为 $\omega_0 = 0.4$,则 $\dfrac{2\pi}{\omega_0} = \dfrac{2\pi}{0.4} = 5\pi$ 为无理数,所以该序列不是周期序列。

2.3 离散时间系统的时域描述

离散时间系统在数学上可以定义成将输入序列 $x(n)$(激励)映射成输出序列 $y(n)$(响应)的一种变换或算子,用 $T[\cdot]$ 描述,记作

$$y(n) = T[x(n)] \tag{2.28}$$

该过程可以用图 2.8 所示的框图表示。

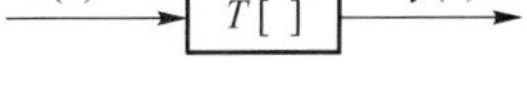

图 2.8 离散时间系统框图

2.3.1 系统分类

1. 线性系统

满足叠加性和齐次性的离散时间系统称为线性系统。假设系统的输入 $x_1(n)$ 和 $x_2(n)$ 对应的输出分别为 $y_1(n)$ 和 $y_2(n)$,则当输入序列为 $ax_1(n) + bx_2(n)$ 时,线性系统对应的输出序列为 $ay_1(n) + by_2(n)$,即

$$T[ax_1(n)+bx_2(n)]=ay_1(n)+by_2(n) \tag{2.29}$$

其中 a、b 为任意常数。

证明一个系统是线性系统时需要证明对于任意输入序列和任意常数,式(2.29)都成立。而证明一个系统是非线性系统,只需找到一个不满足线性条件的特例即可。

2. 时不变(非时变)系统

假设 $x(n)$ 为系统的输入,其对应的输出序列可以表示为 $y(n)=T[x(n)]$。若系统的输入序列为 $x(n-n_0)$ 时,系统的输出序列为

$$T[x(n-n_0)]=y(n-n_0) \tag{2.30}$$

则该系统是时不变(非时变)系统。同时具有线性特性和时不变特性的离散时间系统称为线性时不变(Linear Time Invariant,LTI)系统,这是本书的主要研究对象。

【例 2.4】 输入输出关系为 $y(n)=T[x(n)]=(n-1)x(n)$ 的系统是非时变的吗?

解: 因为 $T[x(n-n_0)]=(n-1)x(n-n_0)$,而 $y(n-n_0)=(n-n_0-1)x(n-n_0)$,即 $y(n-n_0) \neq T[x(n-n_0)]$,所以系统不是非时变的。

3. 因果系统

因果系统是指系统在 n_0 时刻的输出只与 n_0 时刻及之前的输入有关。换句话说,如果一个系统的输出变化不会发生在输入变化之前,则该系统是因果系统。对于因果系统,当 $n<n_0$ 时,$x_1(n)=x_2(n)$,当 $n<n_0$ 时,$y_1(n)=y_2(n)$。

【例 2.5】 判断线性时不变系统 $y(n)=x(n)+x(n+2)$ 的因果性。

解: 因为当前时刻 n 的输出与 $n+2$ 时刻的输入有关,所以该系统是非因果系统。

4. 稳定系统

如果一个系统,对于有界的输入序列,其输出也是有界的,则称为稳定系统。即若在输入序列满足 $|x(n)|<\infty$ 时,输出序列 $|y(n)|<\infty$,则系统是稳定的。

2.3.2 离散时间系统的输入输出表示

1. 线性时不变系统的输入输出关系

假设输入序列为 $\delta(n)$ 时,线性时不变系统的零状态响应为 $h(n)$,则称 $h(n)$ 为线性时不变系统的单位冲激响应,它表征了系统的时域特性,是系统的时域描述,即

$$h(n)=T[\delta(n)] \tag{2.31}$$

由于任意序列 $x(n)$ 都可由单位冲激序列表示为

$$x(n) = \sum_{k=-\infty}^{\infty} x(k)\delta(n-k) \tag{2.32}$$

因此,基于上述关系可以得到任意序列 $x(n)$ 经过线性时不变系统后的零状态响应 $y(n)$:

$$y(n) = T[x(n)] = T\left[\sum_{k=-\infty}^{\infty} x(k)\delta(n-k)\right] = \sum_{k=-\infty}^{\infty} x(k)T[\delta(n-k)] \tag{2.33}$$

利用时不变特性可知,式(2.33)中的 $T[\delta(n-k)]=h(n-k)$,因此得到

$$y(n) = \sum_{k=-\infty}^{\infty} x(k)T[\delta(n-k)] = \sum_{k=-\infty}^{\infty} x(k)h(n-k) = x(n) * h(n) \tag{2.34}$$

由此可见,线性时不变系统的零状态响应 $y(n)$ 是输入序列 $x(n)$ 与该系统的单位冲激响应 $h(n)$ 的离散线性卷积。

2. 线性时不变系统是因果系统的充要条件

线性时不变系统是因果系统的充要条件是

$$h(n) = 0, \quad n < 0 \tag{2.35}$$

3. 线性时不变系统稳定的充要条件

线性时不变系统稳定的充要条件是单位冲激响应绝对可和,即

$$\sum_{n=-\infty}^{\infty} |h(n)| < \infty \tag{2.36}$$

【例 2.6】 已知线性时不变系统的单位冲激响应为 $h(n) = a^n u(n)$,试判断其稳定性。

解:
$$\sum_{n=-\infty}^{\infty} |h(n)| = \sum_{n=0}^{\infty} |a^n| = \sum_{n=0}^{\infty} |a|^n$$

当 $|a| < 1$ 时,级数收敛,且有

$$\sum_{n=-\infty}^{\infty} |h(n)| = \sum_{n=0}^{\infty} |a|^n = \frac{1}{1-|a|} < \infty$$

因此,当 $|a| < 1$ 时,此线性时不变系统是稳定的。

4. 常系数线性差分方程

离散时间系统的输入输出关系可以用常系数线性差分方程来描述,即

$$\sum_{i=0}^{N} a_i y(n-i) = \sum_{i=0}^{M} b_i x(n-i) \tag{2.37}$$

其中 a_i、b_i 为常数。用式(2.37)描述的系统不一定是因果系统。但是,在大多数情况下都假设式(2.37)描述的是因果系统,除特殊说明以外,本书都将遵循这一假设。求解线性常系数差分方程的一般方法有经典法、递推法、卷积法和 Z 变换法。Z 变换法简便有效,与连续时间系统分析中的拉普拉斯变换法类似,这将在 2.5 节讨论。

如果按照差分方程来分类,离散系统可以分为非递归型〔即有限冲激响应(Finite Impulse Response,FIR)〕系统与递归型〔即无限冲激响应(Infinite Impulse Response,IIR)〕系统两大类。

(1)无限冲激响应系统

对于无限冲激响应因果系统,其当前时刻的输出不仅取决于当前及过去的输入,还取决于过去的输出,即输出对输入有反馈。因此当系统为线性、时不变、因果系统时,有

$$y(n) = \sum_{i=0}^{M} a_i x(n-i) + \sum_{i=1}^{N} b_i y(n-i) \tag{2.38}$$

其中 a_i、b_i 为常系数。

(2)有限冲激响应系统

对于有限冲激响应因果系统,其当前时刻的输出仅仅取决于当前及过去的输入,与过去的输出无关,即输出对输入无反馈,因此,

$$y(n) = \sum_{i=0}^{N-1} a_i x(n-i) \tag{2.39}$$

当式(2.38)中的 $b_i = 0$ 时,无限冲激响应系统变成了有限冲激响应系统,即非递归型系统是递归型系统的特例。

2.4　离散时间信号和离散时间系统的频域描述

与连续时间信号和系统分析类似,对离散时间信号和系统的分析也有时域分析法和变换域分析法两种,其中变换域分析法中具有代表性的方法是傅里叶变换分析法和 Z 变换分析法。

2.4.1　离散时间傅里叶变换

非周期序列通过离散时间傅里叶变换(Discrete Time Fourier Transform,DTFT)可以实现信号从时域到频域的映射。

1. 定义

序列 $x(n)$ 的 DTFT 定义为

$$X(e^{j\omega}) = \sum_{n=-\infty}^{\infty} x(n) e^{-jn\omega} \tag{2.40}$$

式(2.40)成立的条件是序列 $x(n)$ 绝对可和,即满足 $\sum_{n=-\infty}^{\infty} |x(n)| < \infty$。式(2.40)中的 ω 是数字域角频率,且有 $\omega = \Omega T$,其中 Ω 是模拟角频率,T 是取样间隔,可见,ω 仍然是频域上的一个连续变量。

离散时间傅里叶反变换(IDTFT)定义为

$$x(n) = \frac{1}{2\pi} \int_{-\pi}^{\pi} X(e^{j\omega}) e^{jn\omega} d\omega \tag{2.41}$$

离散时间傅里叶变换与连续信号傅里叶变换的一个明显差别在于,前者是以 2π 为周期的关于 ω 的连续函数,而后者是关于 Ω 的非周期的连续函数。

2. 性质

DTFT 有许多重要的性质,这些性质对离散时间序列和系统的频域分析是很重要的,具体如表 2.1 所示,假设序列 $x(n)$、$y(n)$ 和 $h(n)$ 的 DTFT 分别为 $X(e^{j\omega})$、$Y(e^{j\omega})$ 和 $H(e^{j\omega})$,a、b 为常数。

表 2.1　DTFT 的性质

性质	序列	离散时间傅里叶变换
线性特性	$ax(n) + by(n)$	$aX(e^{j\omega}) + bY(e^{j\omega})$
时移特性	$x(n-n_0)$	$e^{-jn_0\omega} X(e^{j\omega})$
周期性	$x(n)$	$X(e^{j\omega}) = X[e^{j(\omega \pm 2\pi)}]$
卷积特性	$x(n) * h(n)$	$X(e^{j\omega}) H(e^{j\omega})$
频移特性	$e^{j\omega_0 n} x(n)$	$X[e^{j(\omega - \omega_0)}]$
复共轭特性	$x^*(n)$	$X^*(e^{-j\omega})$
	$x^*(-n)$	$X^*(e^{j\omega})$

续 表

性质	序列	离散时间傅里叶变换
对称性	共轭对称序列 $x_e(n)=\dfrac{1}{2}[x(n)+x^*(-n)]$	$\mathrm{Re}[X(\mathrm{e}^{\mathrm{j}\omega})]$
	共轭反对称序列 $x_o(n)=\dfrac{1}{2}[x(n)-x^*(-n)]$	$\mathrm{jIm}[X(\mathrm{e}^{\mathrm{j}\omega})]$
	$\mathrm{Re}[x(n)]$	$X_e(\mathrm{e}^{\mathrm{j}\omega})=\dfrac{X(\mathrm{e}^{\mathrm{j}\omega})+X^*(\mathrm{e}^{-\mathrm{j}\omega})}{2}$
	$\mathrm{jIm}[x(n)]$	$X_o(\mathrm{e}^{\mathrm{j}\omega})=\dfrac{X(\mathrm{e}^{\mathrm{j}\omega})-X^*(\mathrm{e}^{-\mathrm{j}\omega})}{2}$
	$x(n)$ 为实序列,即 $x(n)=x^*(n)$	$X(\mathrm{e}^{\mathrm{j}\omega})=X^*(\mathrm{e}^{-\mathrm{j}\omega})$
		$\mathrm{Re}[X(\mathrm{e}^{\mathrm{j}\omega})]=\mathrm{Re}[X(\mathrm{e}^{-\mathrm{j}\omega})]$
		$\mathrm{Im}[X(\mathrm{e}^{\mathrm{j}\omega})]=-\mathrm{Im}[X(\mathrm{e}^{-\mathrm{j}\omega})]$
		$\mid X(\mathrm{e}^{\mathrm{j}\omega})\mid = \mid X(\mathrm{e}^{-\mathrm{j}\omega})\mid$
		$\arg[X(\mathrm{e}^{\mathrm{j}\omega})]=-\arg[X(\mathrm{e}^{-\mathrm{j}\omega})]$
能量守恒特性	$\displaystyle\sum_{n=-\infty}^{\infty}\mid x(n)\mid^2=\dfrac{1}{2\pi}\int_{-\pi}^{\pi}\mid X(\mathrm{e}^{\mathrm{j}\omega})\mid^2\mathrm{d}\omega$	

下面给出部分性质的证明。

（1）时移特性

若 $x(n)\xrightarrow{\mathrm{DTFT}}X(\mathrm{e}^{\mathrm{j}\omega})$，则 $x(n-n_0)\xrightarrow{\mathrm{DTFT}}\mathrm{e}^{-\mathrm{j}n_0\omega}X(\mathrm{e}^{\mathrm{j}\omega})$。时移特性说明，时域延时 n_0 会在频域中引入一个相移 $\mathrm{e}^{-\mathrm{j}n_0\omega}$。

证明：令 $m=n-n_0$，则有

$$\sum_{n=-\infty}^{\infty}x(n-n_0)\mathrm{e}^{-\mathrm{j}n\omega}=\sum_{n=-\infty}^{\infty}x(m)\mathrm{e}^{-\mathrm{j}(m+n_0)\omega}=\mathrm{e}^{-\mathrm{j}n_0\omega}\sum_{n=-\infty}^{\infty}x(m)\mathrm{e}^{-\mathrm{j}m\omega}=\mathrm{e}^{-\mathrm{j}n_0\omega}X(\mathrm{e}^{\mathrm{j}\omega})$$

（2）周期性

序列的 DTFT 是角频率为 ω 的周期函数，周期为 2π。

证明：因为

$$X(\mathrm{e}^{\mathrm{j}\omega})=\sum_{n=-\infty}^{\infty}x(n)\mathrm{e}^{-\mathrm{j}n\omega}$$

所以

$$X[\mathrm{e}^{\mathrm{j}(\omega+2\pi)}]=\sum_{n=-\infty}^{\infty}x(n)\mathrm{e}^{-\mathrm{j}n(\omega+2\pi)}=\sum_{n=-\infty}^{\infty}x(n)\mathrm{e}^{-\mathrm{j}n\omega}\mathrm{e}^{-\mathrm{j}n\cdot2\pi}=\sum_{n=-\infty}^{\infty}x(n)\mathrm{e}^{-\mathrm{j}n\omega}=X(\mathrm{e}^{\mathrm{j}\omega})$$

因此，在具体分析时，只需要知道 $X(\mathrm{e}^{\mathrm{j}\omega})$ 的一个周期（即 $\omega\in[0,2\pi]$ 或 $\omega\in[-\pi,\pi]$）即可，不需要在整个频域 $-\infty<\omega<+\infty$ 进行分析。这一性质是离散信号与连续信号傅里叶分析的重要差别，连续信号的傅里叶变换不是 Ω 的周期函数。

（3）卷积特性

若序列 $x(n)$ 和 $h(n)$ 的 DTFT 分别为 $X(\mathrm{e}^{\mathrm{j}\omega})$ 和 $H(\mathrm{e}^{\mathrm{j}\omega})$，则

$$x(n)*h(n)\xrightarrow{\mathrm{DTFT}}X(\mathrm{e}^{\mathrm{j}\omega})H(\mathrm{e}^{\mathrm{j}\omega})$$

证明：
$$x(n)*h(n)=\sum_{k=-\infty}^{\infty}x(k)h(n-k)$$

$$F[x(n) * h(n)] = \sum_{n=-\infty}^{\infty} \Big[\sum_{k=-\infty}^{\infty} x(k)h(n-k) \Big] e^{-jn\omega} \quad （交换求和次序）$$

$$= \sum_{k=-\infty}^{\infty} x(k) e^{-jk\omega} \sum_{n=-\infty}^{\infty} h(n-k) e^{-j(n-k)\omega}$$

$$= X(e^{j\omega})H(e^{j\omega})$$

利用这一性质，可以很方便地把时域内的卷积运算〔即 $y(n)=x(n)*h(n)$〕转换成频域内的相乘计算，即 $Y(e^{j\omega})=X(e^{j\omega})H(e^{j\omega})$。

（4）能量守恒特性

假设信号 $x(n)$ 在时域的总能量为 E_x，则 DTFT 变换前后能量守恒，即

$$E_x = \sum_{n=-\infty}^{\infty} |x(n)|^2 = \frac{1}{2\pi} \int_{-\pi}^{\pi} |X(e^{j\omega})|^2 d\omega$$

证明：
$$E_x = \sum_{n=-\infty}^{\infty} x^*(n)x(n) = \sum_{n=-\infty}^{\infty} x^*(n) \Big[\frac{1}{2\pi} \int_{-\pi}^{\pi} X(e^{j\omega}) e^{jn\omega} d\omega \Big]$$

$$= \frac{1}{2\pi} \int_{-\pi}^{\pi} X(e^{j\omega}) \Big[\sum_{n=-\infty}^{\infty} x^*(n) e^{jn\omega} \Big] d\omega = \frac{1}{2\pi} \int_{-\pi}^{\pi} X(e^{j\omega}) \Big[\sum_{n=-\infty}^{\infty} x(n) e^{-jn\omega} \Big]^* d\omega$$

$$= \frac{1}{2\pi} \int_{-\pi}^{\pi} X(e^{j\omega}) X^*(e^{j\omega}) d\omega = \frac{1}{2\pi} \int_{-\pi}^{\pi} |X(e^{j\omega})|^2 d\omega$$

能量守恒定理也称为 Parseval 定理，定理表明信号在时域的总能量等于其在频域的总能量。频域的总能量等于 $|X(e^{j\omega})|^2$ 在一个周期内的积分，因此，$|X(e^{j\omega})|^2$ 也称为信号的能量谱。

【例 2.7】求 $x(n)=4[u(n)-u(n-3)]$ 的 DTFT。

解：根据 DTFT 的定义可得

$$X(e^{j\omega}) = \sum_{n=-\infty}^{\infty} x(n) e^{-jn\omega} = 4 + 4e^{-j\omega} + 4e^{-2j\omega}$$

【例 2.8】已知 $x(n)$ 的 DTFT 为 $X(e^{j\omega})$，用 $X(e^{j\omega})$ 表示信号 $x_1(n)=x(n)-x(n-1)$ 的 DTFT。

解：因为

$$DTFT[x(n)]=X(e^{j\omega})$$

$$DTFT[x(n-1)]=e^{-j\omega}X(e^{j\omega})$$

所以

$$DTFT[x_1(n)]=(1-e^{-j\omega})X(e^{j\omega})。$$

2.4.2 离散傅里叶级数

设 $\tilde{x}(n)$ 是以 N 为周期的周期序列，可将其展开成离散傅里叶级数（Discrete Fourier Series，DFS）的形式，即

$$\tilde{x}(n) = \sum_{k=0}^{N-1} a_k e^{j\frac{2\pi}{N}kn} \tag{2.42}$$

式（2.42）表明，$\tilde{x}(n)$ 可以用 N 个复指数序列 $e^{j\frac{2\pi}{N}kn}$ 线性表示，其中 a_k 为加权系数。为求 a_k，将式（2.42）两边乘以 $e^{-j\frac{2\pi}{N}mn}$，并对 n 在一个周期内求和，即

$$\sum_{n=0}^{N-1} \tilde{x}(n) \mathrm{e}^{-\mathrm{j}\frac{2\pi}{N}mn} = \sum_{n=0}^{N-1} \Big[\sum_{k=0}^{N-1} a_k \mathrm{e}^{\mathrm{j}\frac{2\pi}{N}kn} \Big] \mathrm{e}^{-\mathrm{j}\frac{2\pi}{N}mn}$$

$$(2.43)$$

交换式(2.43)等号右侧的两个求和顺序,得到

$$\sum_{n=0}^{N-1} \tilde{x}(n) \mathrm{e}^{-\mathrm{j}\frac{2\pi}{N}mn} = \sum_{k=0}^{N-1} a_k \Big[\sum_{n=0}^{N-1} \mathrm{e}^{\mathrm{j}\frac{2\pi}{N}(k-m)n} \Big] \tag{2.44}$$

由于

$$\sum_{n=0}^{N-1} \mathrm{e}^{\mathrm{j}\frac{2\pi}{N}(k-m)n} = \frac{1-\mathrm{e}^{\mathrm{j}\frac{2\pi}{N}(k-m)N}}{1-\mathrm{e}^{\mathrm{j}\frac{2\pi}{N}(k-m)}} = \frac{1-\mathrm{e}^{\mathrm{j}2\pi(k-m)}}{1-\mathrm{e}^{\mathrm{j}\frac{2\pi}{N}(k-m)}} = \begin{cases} N, & k=m \\ 0, & k \neq m \end{cases} \tag{2.45}$$

因此

$$a_k = \frac{1}{N} \sum_{n=0}^{N-1} \tilde{x}(n) \mathrm{e}^{-\mathrm{j}\frac{2\pi}{N}kn}, \quad -\infty < k < +\infty \tag{2.46}$$

其中,n 和 k 都是整数。当 k 变化时,$\mathrm{e}^{-\mathrm{j}\frac{2\pi}{N}kn}$ 是以 N 为周期的周期函数,所以 a_k 是以 N 为周期的周期序列,即

$$a_k = a_{k+lN} \tag{2.47}$$

令

$$\tilde{X}(k) = N a_k \tag{2.48}$$

将式(2.46)代入式(2.48),得

$$\tilde{X}(k) = \sum_{n=0}^{N-1} \tilde{x}(n) \mathrm{e}^{-\mathrm{j}\frac{2\pi}{N}kn}, \quad -\infty < k < +\infty \tag{2.49}$$

其中,$\tilde{X}(k)$ 是以 N 为周期的周期序列,称 $\tilde{X}(k)$ 为 $\tilde{x}(n)$ 的离散傅里叶级数,即

$$\tilde{X}(k) = \mathrm{DFS}[\tilde{x}(n)]$$

将式(2.48)代入式(2.42)可得

$$\tilde{x}(n) = \frac{1}{N} \sum_{k=0}^{N-1} \tilde{X}(k) \mathrm{e}^{\mathrm{j}\frac{2\pi}{N}kn}, \quad -\infty < n < +\infty \tag{2.50}$$

令 $W_N = \mathrm{e}^{-\mathrm{j}\frac{2\pi}{N}}$,则式(2.49)和式(2.50)可以写为

$$\tilde{x}(n) = \frac{1}{N} \sum_{k=0}^{N-1} \tilde{X}(k) W_N^{-nk} \tag{2.51}$$

$$\tilde{X}(k) = \sum_{n=0}^{N-1} \tilde{x}(n) W_N^{nk} \tag{2.52}$$

式(2.51)和式(2.52)称为离散傅里叶级数变换对,其中 $\tilde{X}(k)$ 和 $\tilde{x}(n)$ 均是以 N 为周期的周期序列。

式(2.50)表明,可以将周期序列 $\tilde{x}(n)$ 分解为 N 次谐波,其中第 k 次谐波的频率是 $\omega_k = \frac{2\pi}{N}k$,$k=0,1,2,\cdots,N-1$,幅度为 $\frac{1}{N}|\tilde{X}(k)|$,相位是 $\arg[\tilde{X}(k)]$。具体而言,$k=0$ 表示 $\tilde{x}(n)$ 的直流分量,$k=1$ 表示 $\tilde{x}(n)$ 的基频分量,而 $k>1$ 的各项表示了 $\tilde{x}(n)$ 的各次谐波。

【**例 2.9**】计算周期序列 $\tilde{x}(n) = \{\cdots, 0, 1, 2, 3, 0, 1, 2, 3, 0, 1, 2, 3 \cdots\}$ 的 DFS。

解:序列的周期为 4,所以选用 W_4,$W_4 = \mathrm{e}^{-\mathrm{j}\frac{2\pi}{4}} = -\mathrm{j}$。

因为

$$\widetilde{X}(k) = \sum_{n=0}^{3} \widetilde{x}(n) W_4^{nk}$$

所以

$$\widetilde{X}(0) = \sum_{n=0}^{3} \widetilde{x}(n) W_4^{n \times 0} = \sum_{n=0}^{3} \widetilde{x}(n) = \widetilde{x}(0) + \widetilde{x}(1) + \widetilde{x}(2) + \widetilde{x}(3) = 6$$

$$\widetilde{X}(1) = \sum_{n=0}^{3} \widetilde{x}(n) W_4^{n} = \sum_{n=0}^{3} \widetilde{x}(n)(-j)^n = 0 - j - 2 + 3j = -2 + 2j$$

$$\widetilde{X}(2) = \sum_{n=0}^{3} \widetilde{x}(n) W_4^{n \times 2} = \sum_{n=0}^{3} \widetilde{x}(n)(-j)^{2n} = \sum_{n=0}^{3} \widetilde{x}(n)(-1)^n = 4 - 5 + 6 - 7 = -2$$

$$\widetilde{X}(3) = \sum_{n=0}^{3} \widetilde{x}(n) W_4^{n \times 3} = \sum_{n=0}^{3} \widetilde{x}(n)(-j)^{3n} = 4 + 5j - 6 - 7j = -2 - 2j$$

2.4.3 离散时间系统的频率响应

线性时不变离散系统的输入输出关系为

$$y(n) = x(n) * h(n) = \sum_{k=-\infty}^{\infty} x(k)h(n-k) \tag{2.53}$$

对式(2.53)两边同时进行 DTFT,得

$$Y(e^{j\omega}) = \sum_{n=-\infty}^{\infty} \left[\sum_{k=-\infty}^{\infty} x(k)h(n-k) \right] e^{-jn\omega}$$

$$= \sum_{k=-\infty}^{\infty} x(k)e^{-jk\omega} \sum_{n=-\infty}^{\infty} h(n-k)e^{-j(n-k)\omega} = X(e^{j\omega})H(e^{j\omega}) \tag{2.54}$$

从而存在关系

$$H(e^{j\omega}) = \frac{Y(e^{j\omega})}{X(e^{j\omega})} \tag{2.55}$$

称 $H(e^{j\omega})$ 为线性时不变离散系统的频率响应,它是 ω 的周期函数。可以证明,它是系统单位冲激响应 $h(n)$ 的离散时间傅里叶变换,即 $h(n) \xrightarrow{\text{DTFT}} H(e^{j\omega})$。一般来说,$H(e^{j\omega})$ 是 ω 的复函数,可以表示为幅度和相位的形式,即 $H(e^{j\omega}) = |H(e^{j\omega})| e^{j\phi(\omega)}$,其中 $|H(e^{j\omega})|$ 称为幅度响应或增益(也称幅频特性),$\phi(\omega)$ 称为相位响应(也称相频特性)。

线性时不变离散系统的群延迟定义为

$$\tau_g(\omega) = -\frac{d\phi(\omega)}{d\omega} \tag{2.56}$$

假设某线性时不变离散系统的输入输出关系为 $y(n) = x(n-N)$,根据式(2.55)可知,该系统的频率响应为 $H(e^{j\omega}) = e^{-j\omega N}$,相位响应为 $\phi(\omega) = -\omega N$。由式(2.56)可以得到这个系统的群延迟 $\tau_g(\omega) = N$。线性时不变离散系统的群延迟反映了输入信号中不同频率分量通过系统的延迟特性。

当线性时不变离散系统的相位响应 $\phi(\omega)$ 是 ω 的线性函数时,即 $\phi(\omega) = -k\omega$,k 为常数,则称系统是线性相位系统。由群延迟的定义可知,线性相位系统的群延迟为常数,即不同频率的分量通过线性相位系统的延迟相同。

$$\tau_{\mathrm{g}}(\omega) = -\frac{\mathrm{d}\phi(\omega)}{\mathrm{d}\omega} = k \tag{2.57}$$

【例 2.10】 已知离散时不变系统的差分方程为 $y(n) = -0.85y(n-1) + 0.5x(n)$，求该系统的频率响应。

解： 对差分方程的每一项都进行 DTFT 变换，并利用 DTFT 的时移特性，可得

$$Y(\mathrm{e}^{\mathrm{j}\omega}) + 0.85\mathrm{e}^{-\mathrm{j}\omega}Y(\mathrm{e}^{\mathrm{j}\omega}) = 0.5X(\mathrm{e}^{\mathrm{j}\omega})$$

频率响应为

$$H(\mathrm{e}^{\mathrm{j}\omega}) = \frac{Y(\mathrm{e}^{\mathrm{j}\omega})}{X(\mathrm{e}^{\mathrm{j}\omega})} = \frac{0.5}{1 + 0.85\mathrm{e}^{-\mathrm{j}\omega}}$$

2.5 离散时间信号与离散时间系统的复频域分析

2.5.1 Z 变换

1. Z 变换的定义

序列 $x(n)$ 的 Z 变换定义为

$$X(z) = \sum_{n=-\infty}^{\infty} x(n)z^{-n} \tag{2.58}$$

其中，z 是一个复变量，它所在的平面称为复平面。式(2.58)的求和范围是 $(-\infty, \infty)$，故上述 Z 变换也称为双边 Z 变换。相应地，单边 Z 变换定义为

$$X(z) = \sum_{n=0}^{\infty} x(n)z^{-n} \tag{2.59}$$

其求和范围是 $[0, \infty)$。对于因果序列，双边 Z 变换和单边 Z 变换的计算结果是相同的。本书涉及的 Z 变换都是指双边 Z 变换。

可以看出，Z 变换实际上是复变量 z 的幂级数，只有当该幂级数收敛时，Z 变换才有意义。因此由使式(2.58)收敛的所有 z 构成的集合称为 Z 变换的收敛域（Region Of Convergence，ROC）。Z 变换收敛域的概念很重要，不同的序列可能有相同的 Z 变换表达式，但是收敛域却可能不相同。所以，应该特别注意，只有当 Z 变换的表达式与收敛域都相同时，才能判定两个序列相等。

如果令式(2.59)中的 $z = r\mathrm{e}^{\mathrm{j}\omega}$，则有

$$X(r\mathrm{e}^{\mathrm{j}\omega}) = \sum_{n=-\infty}^{\infty} x(n)r^{-n}\mathrm{e}^{-\mathrm{j}n\omega} \tag{2.60}$$

其中，r 是 z 的模，ω 是相位。当 $z = \mathrm{e}^{\mathrm{j}\omega}$，即 $r = 1$ 时，Z 变换与离散时间傅里叶变换相等，也就是说，序列的 DTFT 就是 Z 平面单位圆上的 Z 变换。当然，单位圆上的 Z 变换必须存在，否则 DTFT 不存在，即单位圆必须包含在收敛域中。

对于不同类型的序列，其收敛域的形式不同，下面分别讨论有限长序列、右边序列、左边序列和双边序列的收敛域。

单位阶跃序列
$x(n) = u(n)$ 的
Z 变换和 DTFT

（1）有限长序列

有限长序列 $x(n)$ 只在有限区间 $n_1 \leqslant n \leqslant n_2$ 内有值，其余为零。其 Z 变换为

$$X(z) = \sum_{n=n_1}^{n_2} x(n) z^{-n} \tag{2.61}$$

$X(z)$ 是有限项级数之和，只要级数的每一项有界，级数就收敛，因此收敛域是整个 Z 平面。如果 $n_1 < 0$，则收敛域不包括 $z = \infty$；如果 $n_2 > 0$，则收敛域不包括 $z = 0$。所以有限长序列 Z 变换的收敛域有 3 种可能。

① $n_1 < 0, n_2 \leqslant 0$ 时，ROC：$0 \leqslant |z| < \infty$。

② $n_1 \geqslant 0, n_2 > 0$ 时，ROC：$0 < |z| \leqslant \infty$。

③ $n_1 < 0, n_2 > 0$ 时，ROC：$0 < |z| < \infty$。

（2）右边序列

右边序列 $x(n)$ 只在 $n \geqslant n_1$ 时有值，在 $n < n_1$ 时，$x(n) = 0$。其 Z 变换为

$$X(z) = \sum_{n=n_1}^{\infty} x(n) z^{-n} = \sum_{n=n_1}^{-1} x(n) z^{-n} + \sum_{n=0}^{\infty} x(n) z^{-n} \tag{2.62}$$

式（2.62）的第一项为有限长序列的 Z 变换，其收敛域为 $0 \leqslant |z| < \infty$；第二项是 z 的负幂级数，按照级数收敛定理可知，存在一个收敛半径 R_{x^-}，级数在以原点为中心，R_{x^-} 为半径的圆外任何点都收敛。只有第一项和第二项都收敛，级数才收敛。所以，如果 R_{x^-} 是收敛域的最小半径，则右边序列的 Z 变换收敛域为某个圆的外部。具体来说，有以下两种可能。

① 当 $n_1 < 0$ 时，ROC：$R_{x^-} < |z| < \infty$。

② 当 $n_1 \geqslant 0$，即 $x(n)$ 是因果序列时，ROC：$R_{x^-} < |z| \leqslant \infty$。

（3）左边序列

左边序列 $x(n)$ 只在 $n \leqslant n_2$ 时有值，在 $n > n_2$ 时，$x(n) = 0$。其 Z 变换为

$$X(z) = \sum_{n=-\infty}^{n_2} x(n) z^{-n} = \sum_{n=-\infty}^{0} x(n) z^{-n} + \sum_{n=1}^{n_2} x(n) z^{-n} \tag{2.63}$$

式（2.63）的第一项是 z 的正幂级数，按照级数收敛定理可知，存在一个收敛半径 R_{x^+}，级数在以原点为中心，R_{x^+} 为半径的圆内任何点都收敛；第二项为因果有限长序列的 Z 变换，其收敛域为 $0 < |z| \leqslant \infty$。只有第一项和第二项都收敛，级数才收敛。所以，如果 R_{x^+} 是收敛域的最大半径，则左边序列的 Z 变换收敛域为某个圆的内部。具体来说，有以下两种可能。

① 当 $n_2 > 0$ 时，ROC：$0 < |z| < R_{x^+}$；

② 当 $n_2 \leqslant 0$ 时，ROC：$0 \leqslant |z| < R_{x^+}$。

【例 2.11】已知 $x(n) = -2^n u(-n-1)$，求其 Z 变换。

解：$x(n)$ 是左边序列，

$$X(z) = \sum_{n=-\infty}^{-1} -2^n z^{-n} = \sum_{n=1}^{\infty} -2^{-n} z^n = 1 - \sum_{n=0}^{\infty} 2^{-n} z^n = \frac{z}{z-2}, \quad \text{ROC：} |z| < 2$$

收敛域如图 2.9 所示。

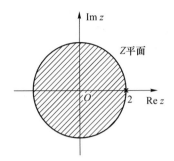

图 2.9 序列 $-2^n u(-n-1)$ 的 Z 变换收敛域

（4）双边序列

双边序列 $x(n)$ 在 $(-\infty,\infty)$ 有非 0 值。其 Z 变换为

$$X(z) = \sum_{n=-\infty}^{\infty} x(n)z^{-n} = \sum_{n=-\infty}^{-1} x(n)z^{-n} + \sum_{n=0}^{\infty} x(n)z^{-n} \qquad (2.64)$$

式（2.64）的两项分别是左边序列和右边序列的 Z 变换，收敛域分别为 $0 \leqslant |z| < R_{x+}$ 和 $R_{x-} < |z| \leqslant \infty$，两者的交集则为双边序列的收敛域，即 $R_{x-} < |z| < R_{x+}$。双边序列的收敛域如图 2.10 所示。如果 $R_{x+} < R_{x-}$，则双边序列收敛域不存在，即 Z 变换不存在。

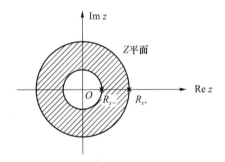

图 2.10 双边序列的收敛域

【例 2.12】求序列 $x(n) = 0.5^{|n|}$ 的 Z 变换。

解：由 Z 变换的定义可知，

$$X(z) = \sum_{n=-\infty}^{\infty} 0.5^{|n|} z^{-n} = \sum_{n=-\infty}^{-1} 0.5^{-n} z^{-n} + \sum_{n=0}^{\infty} 0.5^n z^{-n} = \sum_{n=1}^{\infty} 0.5^n z^n + \sum_{n=0}^{\infty} 0.5^n z^{-n}$$

$$= \frac{0.5z}{1-0.5z} + \frac{1}{1-0.5z^{-1}} = \frac{1-0.5^2}{(1-0.5z)(1-0.5z^{-1})} = \frac{-1.5z}{(z-2)(z-0.5)}$$

收敛域：$|0.5z| < 1$，且 $\left|\frac{1}{2z}\right| < 1$，即 $0.5 < |z| < 2$。

2. Z 变换的性质

Z 变换有许多重要的性质，灵活地运用它们能解决很多问题。假设 $Z[x(n)] = X(z)$，$r_{x-} < |z| < r_{x+}$，$Z[y(n)] = Y(z)$，$r_{y-} < |z| < y_{y+}$，$Z[h(n)] = H(z)$，$r_{h-} < |z| < y_{h+}$ 具体性质如表 2.2 所示。

Z 变换的性质

表 2.2 Z 变换的性质

性质	序列	Z 变换	收敛域
线性	$ax(n)+by(n)$，其中 a、b 为任意常数	$aX(z)+bY(z)$	$r_1<\|z\|<r_2$，$r_1=\max[r_{x-},r_{y-}]$，$r_2=\min[r_{x+},r_{y+}]$
时移特性	$x(n-n_0)$，$n_0\geqslant0$	$z^{-n_0}X(z)$	$r_{x-}<\|z\|<r_{x+}$
Z 域的尺度变换特性（与指数序列相乘）	$a^n x(n)$，其中 a 是常数	$X\left(\dfrac{z}{a}\right)$	$\|a\|r_{x-}<\|z\|<\|a\|r_{x+}$
Z 域微分	$nx(n)$	$-z\dfrac{\mathrm{d}X(z)}{\mathrm{d}z}$	$r_{x-}<\|z\|<r_{x+}$
复共轭特性	$x^*(n)$	$X^*(z^*)$	$r_{x-}<\|z\|<r_{x+}$
时域卷积特性	$y(n)=x(n)*h(n)$	$Y(z)=X(z)\cdot H(z)$	$r_1<\|z\|<r_2$，$r_1=\max[r_{x-},r_{h-}]$，$r_2=\min[r_{x+},r_{h+}]$

利用 Z 变换的定义和性质，可以得到一些常用序列的 Z 变换，如表 2.3 所示。

表 2.3 常用序列的 Z 变换

序列	Z 变换	收敛域
$\delta(n)$	1	$\forall z$
$u(n)$	$\dfrac{1}{1-z^{-1}}$	$\|z\|>1$
$-u(-n-1)$	$\dfrac{1}{1-z^{-1}}$	$\|z\|<1$
$a^n u(n)$	$\dfrac{1}{1-az^{-1}}$	$\|z\|>\|a\|$
$-b^n u(-n-1)$	$\dfrac{1}{1-bz^{-1}}$	$\|z\|<\|b\|$
$[a^n\sin\omega_0 n]u(n)$	$\dfrac{(a\sin\omega_0)z^{-1}}{1-(2a\cos\omega_0)z^{-1}+a^2z^{-2}}$	$\|z\|>\|a\|$
$[a^n\cos\omega_0 n]u(n)$	$\dfrac{1-(a\cos\omega_0)z^{-1}}{1-(2a\cos\omega_0)z^{-1}+a^2z^{-2}}$	$\|z\|>\|a\|$
$na^n u(n)$	$\dfrac{az^{-1}}{(1-az^{-1})^2}$	$\|z\|>\|a\|$
$-nb^n u(-n-1)$	$\dfrac{bz^{-1}}{(1-bz^{-1})^2}$	$\|z\|<\|b\|$

2.5.2 Z 反变换

从给定的 Z 变换闭合式 $X(z)$ 及收敛域还原出原序列 $x(n)$，称为 Z 反变换，表示为

$$x(n)=Z^{-1}\big[X(z)\big] \tag{2.65}$$

求 Z 反变换通常有 3 种方法：幂级数法、部分分式分解法和留数法。本章重点介绍部分分式分解法和留数法。

1. 部分分式分解法

设 $X(z)$ 是一个有理函数：

$$X(z) = \frac{B(z)}{A(z)} = \frac{\sum_{i=0}^{M} b_i z^{-1}}{1 + \sum_{i=1}^{N} a_i z^{-1}} \tag{2.66}$$

其中 $A(z)$ 和 $B(z)$ 都是 z^{-1} 的多项式。如果分母多项式 $A(z)$ 无重根,且 $M \geqslant N$,则式(2.66)可以展开为

$$X(z) = \sum_{i=0}^{M-N} r_i z^{-1} + \sum_{i=1}^{N} \frac{p_i}{1 - z_i z^{-1}} \tag{2.67}$$

其中 z_i 是分母多项式的根。展开的系数 p_i 为

$$p_i = (1 - z_i z^{-1}) X(z) \Big|_{z=z_i} \tag{2.68}$$

系数 r_i 可以由多项式的长除法得到。

当分母多项式的阶数高于分子多项式的阶数时,式(2.67)可以化简为

$$X(z) = \sum_{i=1}^{N} \frac{p_i}{1 - z_i z^{-1}} \tag{2.69}$$

分解成部分分式之后,可以利用常用信号的 Z 变换以及 Z 变换的性质得到各部分分式对应的时域序列,再将这些序列相加即可得到 $x(n)$。

【例 2.13】利用部分分式分解法求 $X(z) = \dfrac{-3z^{-1}}{2 - 5z^{-1} + 2z^{-2}}$ 的 Z 反变换,收敛域为 $0.5 < |z| < 2$。

解: 根据极点 $z_1 = \dfrac{1}{2}$ 和 $z_2 = 2$,可以将 $X(z)$ 展开成部分分式:

$$X(z) = \frac{-3z^{-1}}{(2z^{-1} - 1)(z^{-1} - 2)} = \frac{p_1}{(z^{-1} - 2)} + \frac{p_2}{(2z^{-1} - 1)}$$

$$p_1 = (z^{-1} - 2) X(z) \Big|_{z=\frac{1}{2}} = -2$$

$$p_2 = (2z^{-1} - 1) X(z) \Big|_{z=2} = 1$$

因为收敛域为 $0.5 < |z| < 2$,所以极点 z_1 在收敛域的内部,此时序列为因果序列,而极点 z_2 在收敛域的外部,此时序列为非因果序列。因此可知

$$x(n) = -2 \left(\frac{1}{2}\right)^n u(n) - 2^n u(-n-1)$$

是一个双边序列。

2. 留数法

Z 反变换关系式可以利用复变函数中的柯西(Cauchy)积分定理推导出来。

柯西定理为

$$\frac{1}{2\pi j} \oint_c z^{k-1} dz = \begin{cases} 1, & k = 0 \\ 0, & k \neq 0 \end{cases} \tag{2.70}$$

其中,c 是一条沿逆时针方向环绕原点的闭合围线。

将 Z 变换的定义 $X(z) = \sum_{n=-\infty}^{\infty} x(n) z^{-n}$ 两边同乘上 z^{k-1},并在 $X(z)$ 的收敛区域内取一条包围原点的闭合围线作围线积分,得到

$$\frac{1}{2\pi\mathrm{j}}\oint_c X(z)z^{k-1}\mathrm{d}z = \frac{1}{2\pi\mathrm{j}}\oint_c \sum_{n=-\infty}^{\infty} x(n)z^{-n+k-1}\mathrm{d}z \tag{2.71}$$

交换式(2.71)右边的积分与求和次序,根据式(2.70)的结论可以得到

$$\frac{1}{2\pi\mathrm{j}}\oint_c \sum_{n=-\infty}^{\infty} x(n)z^{-n+k-1}\mathrm{d}z = \sum_{n=-\infty}^{\infty} x(n)\frac{1}{2\pi\mathrm{j}}\oint_c z^{-n+k-1}\mathrm{d}z = x(k)$$

将 k 用 n 替换,有

$$x(n) = \frac{1}{2\pi\mathrm{j}}\oint_c X(z)z^{n-1}\mathrm{d}z \tag{2.72}$$

其中 c 是 $X(z)$ 收敛域内一条沿逆时针方向绕原点的闭合围线。式(2.72)即为 Z 反变换的表达式。

求解式(2.72)需要利用留数定理。假设 z_k 是被积函数 $X(z)z^{n-1}$ 在围线 c 内的一组极点,根据留数定理可知,$x(n)$ 等于围线内全部极点留数之和,即

$$x(n) = \sum_k \mathrm{Res}\big[X(z)z^{n-1}, z_k\big] \tag{2.73}$$

无穷远点的留数

有时在围线 c 内有多阶极点,而围线 c 外没有多阶极点,为避免求多阶极点留数的麻烦,可以利用留数辅助定理,即改求围线 c 外的极点留数之和并取负号。注意留数辅助定理的应用条件是分母多项式 z 的阶次比分子多项式 z 的阶次高二阶或二阶以上,否则需要考虑无穷远点的留数。假设围线 c 内有 k 个极点 z_k,c 外有 m 个极点 z_m(k,m 是有限值),留数辅助定理可以表示为

$$\sum_k \mathrm{Res}\big[X(z)z^{n-1}, z_k\big] = -\sum_m \mathrm{Res}\big[X(z)z^{n-1}, z_m\big] \tag{2.74}$$

即

$$x(n) = -\sum_m \mathrm{Res}\big[X(z)z^{n-1}, z_m\big] \tag{2.75}$$

根据具体情况,可以采用式(2.74)和式(2.75)来避开高阶极点,以简化计算。

$X(z)z^{n-1}$ 在任一极点 $z=z_0$ 处的留数计算公式,可以分为以下两种情况。

(1) 如果在 z_0 是 $X(z)z^{n-1}$ 的一阶极点,其留数为

$$\mathrm{Res}\big[X(z)z^{n-1}, z_0\big] = \big[(z-z_0)X(z)z^{n-1}\big]_{z=z_0} \tag{2.76}$$

(2) 如果 z_0 是 $X(z)z^{n-1}$ 的高阶(s 阶)极点,其留数为

$$\mathrm{Res}\big[X(z)z^{n-1}, z_0\big] = \frac{1}{(s-1)!}\left[\frac{\mathrm{d}^{s-1}\big[(z-z_0)^s X(z)z^{n-1}\big]}{\mathrm{d}z^{s-1}}\right]_{z=z_0} \tag{2.77}$$

【例 2.14】用留数法求 $X(z) = \dfrac{-3z^{-1}}{2-5z^{-1}+2z^{-2}}$ 的 Z 反变换。

(1) 收敛域为 $0.5 < |z| < 2$;

(2) 收敛域为 $|z| > 2$。

解:
$$X(z) = \frac{-3z^{-1}}{2-5z^{-1}+2z^{-2}} = \frac{-3z}{2(z-0.5)(z-2)}$$

(1) 当收敛域为 $0.5 < |z| < 2$ 时

① $n \geqslant 0$ 时,$X(z)z^{n-1}$ 在 c 内有极点 0.5,所以

$$x(n) = \text{Res}\left[X(z)z^{n-1}, 0.5\right]\big|_{z=0.5} = \left(\frac{1}{2}\right)^n$$

② $n < 0$ 时，$X(z)z^{n-1}$ 在 c 外有极点 $z = 2$，所以

$$x(n) = -\text{Res}\left[X(z)z^{n-1}, 2\right]\big|_{z=2} = 2^n$$

$$x(n) = \left(\frac{1}{2}\right)^n u(n) + 2^n u(-n-1)$$

(2) 当收敛域为 $|z| > 2$ 时

① $n \geq 0$ 时，$X(z)z^{n-1}$ 在 c 内有极点 0.5、2，所以

$$x(n) = \text{Res}\left[X(z)z^{n-1}, 0.5\right]\big|_{z=0.5} + \text{Res}\left[X(z)z^{n-1}, 2\right]\big|_{z=2} = \left(\frac{1}{2}\right)^n - 2^n$$

② $n < 0$ 时，$X(z)z^{n-1}$ 在 c 外没有极点，$x(n) = 0$。所以

$$x(n) = \left[\left(\frac{1}{2}\right)^n - 2^n\right] u(n)$$

2.5.3 系统函数

如式 (2.37) 所述，离散时间系统的输入输出关系可以用常系数线性差分方程来描述，即

$$\sum_{i=0}^{N} a_i y(n-i) = \sum_{i=0}^{M} b_i x(n-i)$$

对其两边进行 Z 变换，得

$$\sum_{i=0}^{N} a_i z^{-i} Y(z) = \sum_{i=0}^{M} b_i z^{-i} X(z) \tag{2.78}$$

于是有

$$\frac{Y(z)}{X(z)} = \frac{\sum_{i=0}^{M} b_i z^{-i}}{\sum_{i=0}^{N} a_i z^{-i}} = H(z) \tag{2.79}$$

输出和输入信号的 Z 变换之比 $H(z)$ 称为系统函数。线性时不变系统的系统函数就是其单位冲激响应 $h(n)$ 的 Z 变换 $H(z)$，即 $H(z) = \sum_{n=0}^{\infty} h(n)z^{-n}$。

将式 (2.79) 因式分解，可得

$$H(z) = \frac{K \prod_{i=1}^{M}(z - z_i)}{\prod_{i=1}^{N}(z - p_i)} \tag{2.80}$$

其中 K 为系统的增益，z_i 是系统的零点，p_i 是系统的极点。因此，$H(z)$ 在 Z 变换域中可以用零极点图的形式来描述。

从频率响应的角度看，系统的极点主要影响幅频特性 $|H(e^{j\omega})|$ 的峰值，极点越靠近单位圆，峰值越高越尖锐。当极点在单位圆上时，该点的频响将出现 ∞，极点在单位圆外，系统不稳定。零点主要影响幅频特性的谷值，零点越靠近单位圆，幅度越小。当零点在单位圆上时，幅度为零。因此，根据零极点的分布，能够定性地画出系统的幅频特性曲线 $\omega \sim |H(e^{j\omega})|$。

【例 **2.15**】求下述线性因果系统的系统函数 $H(z)$，并画出零极点分布图。

$$y(n)=ay(n-1)+x(n)-a^{-1}x(n-1), \quad 0<a<1$$

解： 两边逐项进行 Z 变换，得

$$Y(z)=az^{-1}Y(z)+X(z)-a^{-1}z^{-1}X(z)$$

两边分别提取公因式 $Y(z)$ 和 $X(z)$，得

$$(1-az^{-1})Y(z)=(1-a^{-1}z^{-1})X(z)$$

得到系统函数：

$$H(z)=\frac{Y(z)}{X(z)}=\frac{1-a^{-1}z^{-1}}{1-az^{-1}}$$

其零极点分布图如图 2.11 所示。

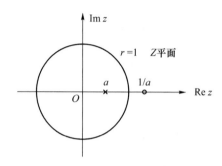

图 2.11　零极点分布图

【例 2.16】 求系统函数 $H(z)=\dfrac{z^{-1}+z^{-2}}{1-0.9z^{-1}+0.81z^{-2}}$ 对应的差分方程。

解： 差分方程可以转换为系统函数，同样系统函数也可以转换为差分方程。

$$H(z)=\frac{Y(z)}{X(z)}=\frac{z+1}{z^2-0.9z+0.81}=\frac{z^{-1}+z^{-2}}{1-0.9z^{-1}+0.81z^{-2}}$$

交叉相乘得到

$$Y(z)(1-0.9z^{-1}+0.81z^{-2})=X(z)(z^{-1}+z^{-2})$$

逐项进行 Z 反变换，得到差分方程：

$$y(n)-0.9y(n-1)+0.81y(n-2)=x(n-1)+x(n-2)$$

2.5.4　线性时不变系统的因果性和稳定性

线性时不变因果系统的充要条件是其单位冲激响应满足 $h(n)=0, n<0$。因此其 Z 变换的收敛域一定包括∞点，即收敛域一定是某个圆外的整个 Z 平面，也就是满足 $r_z<|z|\leqslant\infty$。

而线性时不变系统稳定的充要条件为 $\sum\limits_{n=-\infty}^{\infty}|h(n)|<\infty$，按照 Z 变换的定义，有

$$\sum_{n=-\infty}^{\infty}|h(n)|=\sum_{n=-\infty}^{\infty}|h(n)z^{-n}|\Big|_{z=1}<\infty \tag{2.81}$$

因此，从收敛域的角度看，如果系统函数的收敛域包括单位圆 $|z|=1$，则系统是稳定的。若极点位于单位圆上，则系统是临界稳定的；如果极点位于单位圆外，则系统是不稳定的。

由于收敛域以极点为边界，因此系统的因果性和稳定性也可以基于极点的分布快速判

定:若 $H(z)$ 的所有极点都在单位圆内,则该系统是因果稳定系统;反之,只要有一个极点位于单位圆外,则不是因果稳定系统。

【例 2.17】 下列线性时不变因果系统是否稳定?

(1) $H(z) = \dfrac{1-z^{-2}}{1+0.7z^{-1}+0.9z^{-2}}$;

(2) $y(n)+0.8y(n-1)-0.9y(n-2)=x(n-2)$。

解: (1) $H(z)=\dfrac{1-z^{-2}}{1+0.7z^{-1}+0.9z^{-2}}=\dfrac{z^2-1}{z^2+0.7z+0.9}$,零点位于 $z=\pm 1$。

极点:

$$z=\frac{-0.7\pm j\sqrt{0.7^2-4\times 1\times 0.9}}{2\times 1}=\frac{-0.7\pm j\sqrt{3.11}}{2}=-0.35\pm j0.8818$$

这两个极点到单位圆圆心的距离为

$$|z|=\sqrt{(-0.35)^2+(0.8818)^2}=0.9487$$

因为该距离小于 1,两个极点都位于单位圆内,所以系统是稳定的。

(2) 从差分方程得到系统函数:

$$H(z)=\frac{z^{-2}}{1+0.8z^{-1}-0.9z^{-2}}=\frac{1}{z^2+0.8z-0.9}$$

$$z=\frac{-0.8\pm\sqrt{0.8^2-4\times 1\times(-0.9)}}{2\times 1}=\frac{-0.8\pm 2.059}{2}$$

故 z 约等于 0.630 或 -1.430。

极点为纯实数,没有虚部。因为有一个极点 $z=-1.430$ 位于单位圆外,所以系统不稳定。

【例 2.18】 已知线性时不变系统的单位取样响应为 $h(n)=\left(\dfrac{1}{2}\right)^n u(n)-3^n u(-n-1)$

(1) 求系统函数 $H(z)$,并画出零极点分布示意图;

(2) 判断系统的稳定性和因果性;

(3) 求频率响应 $H(e^{jw})$。

解: (1) $H(z)=\dfrac{1}{1-\dfrac{1}{2}z^{-1}}+\dfrac{1}{1-3z^{-1}}=\dfrac{z\left(2z-\dfrac{7}{2}\right)}{\left(z-\dfrac{1}{2}\right)(z-3)}$, $\quad \dfrac{1}{2}<|z|<3$。

可得,零点为 $z_1=0, z_2=\dfrac{7}{4}$;极点为 $p_1=\dfrac{1}{2}, p_2=3$。

系统函数的零极点分布示意图如图 2.12 所示。

(2) 稳定性:因为 $H(z)$ 的收敛域包含单位圆,所以系统是稳定的。

因果性:因为 $H(z)$ 收敛域为圆环,所以系统是非因果的。

(3) 因收敛域含单位圆,故

$$H(e^{jw})=H(z)\big|_{z=e^{jw}}=\frac{e^{jw}\left(2e^{jw}-\dfrac{7}{2}\right)}{\left(e^{jw}-\dfrac{1}{2}\right)(e^{jw}-3)}$$

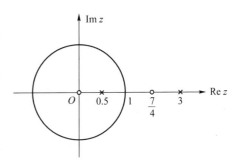

图 2.12 零极点分布示意图

2.5.5 全通系统与最小相位系统

全通系统和最小相位系统都是因果稳定系统。全通系统是指系统的幅度响应恒为常数的系统,而最小相位系统具有最小的相位延迟。

1. 全通系统

假设一个离散线性时不变因果稳定系统的系统函数为

$$H_{ap}(z) = \frac{a_N + a_{N-1}z^{-1} + \cdots + a_1 z^{-(N-1)} + z^{-N}}{1 + a_1 z^{-1} + a_2 z^{-2} + \cdots + a_N z^{-N}} \tag{2.82}$$

其中系数 $a_i (i=1,2,\cdots,N)$ 为实数。若分子、分母均按照 z^{-1} 的升幂排列,则分子、分母多项式的系数相同,仅排列顺序相反。式(2.82)可以写成如下形式:

$$H_{ap}(z) = z^{-N} \frac{A(z^{-1})}{A(z)} \tag{2.83}$$

其中

$$A(z) = 1 + a_1 z^{-1} + a_2 z^{-2} + \cdots + a_N z^{-N} \tag{2.84}$$

$A(z)$ 为实系数多项式,$A(z)$ 的根全部在单位圆内,即 $H_{ap}(z)$ 的极点全部在单位圆内,零点〔即 $z^{-N}A(z^{-1})$ 的根〕全在单位圆外,所以 $H_{ap}(z)$ 是因果稳定系统。由式(2.84)可得

$$H(z)H(z^{-1}) = \frac{z^{-N}A(z^{-1})}{A(z)} \frac{z^N A(z)}{A(z^{-1})} = 1 \tag{2.85}$$

对于式(2.83)所表示的系统,其频率响应的平方为

$$|H(e^{j\omega})|^2 = H(e^{j\omega})H^*(e^{j\omega}) = H(z)H(z^{-1})|_{z=e^{j\omega}} = 1 \tag{2.86}$$

即式(2.83)所表示的系统是一个全通系统。从式(2.83)可以看出,如果 z_i 是系统的一个零点,那么 $\frac{1}{z_i}$ 必定为系统的一个极点。如果 z_i 为复数,则 z_i^* 是系统的一个零点,$\left(\frac{1}{z_i}\right)^*$ 是一个极点。极点和零点均以共轭对出现:若 z_i 是零点,则 z_i^* 也是零点,$\frac{1}{z_i}$ 是极点,$\left(\frac{1}{z_i}\right)^*$ 也是极点,形成 4 个零极点一组的形式。当然如果零点出现在单位圆上,或者零点是实数,则以两个一组的形式出现。全通系统的零极点分布示意图如图 2.13 所示。

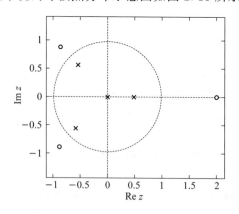

图 2.13 全通系统的零极点分布示意图

如果将零点 z_i 和极点 $\left(\dfrac{1}{z_i}\right)^*$ 组成一对，将零点 z_i^* 和极点 $\dfrac{1}{z_i}$ 组成一对，则全通系统的系统函数可以表示为

$$H_{ap}(z)=\prod_{i=1}^{N}\frac{z^{-1}-z_i}{1-z_i^* z^{-1}} \tag{2.87}$$

显然，式(2.87)中的零点和极点互为共轭倒置关系。式(2.87)中的 N 称为阶数。当 $N=1$ 时，零极点均为实数，系统函数为

$$H_1(z)=\frac{z^{-1}-a^*}{1-az^{-1}} \tag{2.88}$$

其中 a 为任意常数，且 $|a|<1$。因此 N 阶实系数全通系统可以分解为 N 个一阶全通系统的级联。令 $a=re^{j\theta}$，$r<1$，r 为正实数。则 $H_1(z)$ 系统的频率响应为

$$
\begin{aligned}
H_1(e^{j\omega})&=\frac{e^{-j\omega}-a^*}{1-ae^{-j\omega}}=\frac{e^{-j\omega}-re^{-j\theta}}{1-re^{j\theta}e^{-j\omega}}=e^{-j\omega}\frac{1-re^{j(\omega-\theta)}}{1-re^{-j(\omega-\theta)}}\\
&=e^{-j\omega}\frac{1-r\cos(\omega-\theta)-jr\sin(\omega-\theta)}{1-r\cos(\omega-\theta)+jr\sin(\omega-\theta)}\\
&=1\times e^{-j\{\omega+2\arctan[r\sin(\omega-\theta)/[1-r\cos(\omega-\theta)]]\}}=1\times e^{j\theta_1(\omega)}
\end{aligned}\tag{2.89}
$$

相位 $\theta_1(\omega)$ 为

$$\theta_1(\omega)=-\omega-2\arctan\left[\frac{r\sin(\omega-\theta)}{1-r\cos(\omega-\theta)}\right] \tag{2.90}$$

对 $\theta_1(\omega)$ 求导，化简后可得

$$\frac{d\theta_1(\omega)}{d\omega}=\frac{-(1-r^2)}{1+r^2-2r\cos(\omega-\theta)}=\frac{-(1-r^2)}{|1-re^{j(\omega-\theta)}|^2}<0 \tag{2.91}$$

由于 $r<1$，因此对于任意 ω，都有 $\dfrac{d\theta_1(\omega)}{d\omega}<0$，即一阶全通系统的相位响应在区间 $[-\pi,\pi]$ 上单调递减，如图 2.14 所示。

由于 N 阶全通系统的相位等于各个一阶全通系统相位之和，因此全通系统的相频特性随着 ω 的增加而单调递减，即

$$\frac{d\{\arg[H_{ap}(e^{j\omega})]\}}{d\omega}<0 \tag{2.92}$$

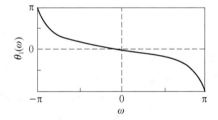

图 2.14 一阶全通系统的相位响应

由式(2.90)可知，若 a 为实数($\theta=0$)，则全通系统在 $\omega=0$ 点的相位为零。当 ω 从 0 变到 π 时，一阶全通系统的相位响应是非正的，因此全通系统的相频特性也一定是负数。

$$\theta_{ap}(\omega)<0,\quad 0\leqslant\omega\leqslant\pi \tag{2.93}$$

2. 最小相位系统

如果离散线性时不变因果稳定系统的系统函数的所有零点都在 Z 平面的单位圆内，则称该系统为最小相位系统；如果所有零点都在 Z 平面的单位圆外，则称该系统为最大相位系统；若零点既不全在单位圆内，又不全在单位圆外，则称该系统为混合相位系统。

任一实系数因果稳定系统 $H(z)$ 都可以表示为一个最小相位系统 $H_{min}(z)$ 和一个全通系统 $H_{ap}(z)$ 的级联，即

$$H(z)=H_{min}(z)H_{ap}(z) \tag{2.94}$$

证明: 假设 $H(z)$ 仅有一个零点 z_0^{-1} 在单位圆外,$|z_0|<1$。$H(z)$ 可以用式(2.95)来表示:

$$H(z)=H_1(z)(z^{-1}-z_0) \tag{2.95}$$

因为在式(2.95)中将仅有的一个零点用因式 $(z^{-1}-z_0)$ 表示,$H_1(z)$ 的全部零点都在单位圆内,所以 $H_1(z)$ 是一个最小相位系统。再将式(2.95)的分子、分母同乘 $(1-z_0^* z^{-1})$,即

$$H(z)=H_1(z)(z^{-1}-z_0)\frac{1-z_0^* z^{-1}}{1-z_0^* z^{-1}}=\underbrace{\left[H_1(z)(1-z_0^* z^{-1})\right]}_{\text{最小相位系统}}\underbrace{\left(\frac{z^{-1}-z_0}{1-z_0^* z^{-1}}\right)}_{\text{全通系统}} \tag{2.96}$$

因为 $(1-z_0^* z^{-1})$ 的根在单位圆内,所以式(2.96)的前半部分是最小相位系统,后半部分是全通系统。式(2.96)相当于把单位圆外的零点以共轭倒置的关系搬到单位圆内,零点变成 z_0^*。所以,凡是将零点(或者极点)以共轭倒置的关系从单位圆外(内)搬到单位圆内(外)的系统的幅频特性保持不变,但相位特性会发生变化。对于一般系统,可以利用这一结论,用共轭倒置关系将所有单位圆外的零点搬到单位圆内,构成最小相位系统。

由式(2.94)可知,任一实系数线性时不变因果稳定系统 $H(z)$ 的相位响应 $\theta(\omega)$ 等于最小相位系统的相位响应 $\theta_{\min}(\omega)$ 与全通系统的相位响应 $\theta_{\mathrm{ap}}(\omega)$ 之和,即

$$\theta(\omega)=\theta_{\min}(\omega)+\theta_{\mathrm{ap}}(\omega) \tag{2.97}$$

由于全通系统在 $[0,\pi]$ 区间上具有负相位,因此 $H(z)$ 比 $H_{\min}(z)$ 多一个负相位,负相位代表延迟。这说明在幅频特性相同的条件下,最小相位系统具有最小的相位延迟。

本 章 小 结

本章首先回答了为什么需要时域取样,并从时域、频域两个方面对连续时间信号的取样进行了描述,取样后信号的频谱是原连续时间信号频谱的周期延拓。如果满足奈奎斯特取样定理,即取样频率大于或等于信号最高频率的两倍,则可以由取样信号 $x_\mathrm{a}(nT)$ 经内插无失真恢复原信号 $x_\mathrm{a}(t)$。本章的离散时间信号部分主要介绍了序列的定义、基本序列及基本运算。对于离散时间系统,本章重点介绍了系统特性,即线性、时不变、因果和稳定特性,以及单位冲激响应、表征系统输入输出关系的差分方程和线性卷积。离散时间信号的 DTFT 给出了在频域分析离散时间信号与离散时间系统的方法,其中频率响应是系统的单位冲激响应 $h(n)$ 的 DTFT。离散周期序列可以将其展开成离散傅里叶级数 DFS 的形式。最后本章讨论了 Z 变换及 Z 反变换的定义、收敛域及性质,强调了联合 Z 变换的收敛域与 Z 变换的数学表达式才能唯一确定一个序列。系统函数则是系统的单位冲激响应的 Z 变换。本章重要的知识点如下:

(1) 奈奎斯特取样定理;

(2) 离散时间系统特性的判断,即线性、时不变、因果和稳定特性;

(3) 离散时间信号的 DTFT 及性质;

(4) 离散系统的单位冲激响应和频率响应;

(5) 周期序列的离散傅里叶级数 DFS;

(6) 离散时间信号的 Z 变换、Z 反变换;

（7）系统函数；

（8）全通系统和最小相位系统。

习　　题

2.1 以取样间隔 $T=0.01$ s 对信号 $x(t)=\cos\left(40\pi t+\dfrac{\pi}{2}\right)$ 进行取样，写出得到的离散序列 $x(n)$ 的表达式。

2.2 设有模拟信号 $x_1(t)=300\sin(2\,000\pi t)$ 和 $x_2(t)=500\cos(5\,000\pi t)$，用取样频率 $f_s=3\,000$ Hz 分别对其进行取样，得到的离散时间序列 $x_1(n)$ 和 $x_2(n)$ 是否是周期序列？如果是，周期为多少？

2.3 下列系统是否线性？是否时变？是否因果？是否稳定？

（1） $y(n)=(n+1)x(n+5)$；

（2） $y(n)=x(n)\sin\omega n$；

（3） $y(n)=\displaystyle\sum_{k=-n_0}^{n}x(k)$，　$n>n_0$；

（4） $y(n)=\mathrm{e}^{x(n)}$；

（5） $y(n)=x(n-n_0)$。

2.4 求序列的卷积 $y(n)=x(n)*h(n)$：$h(n)=a^n u(n)$，$x(n)=\beta^n u(n)$。

2.5 试确定下列序列的傅里叶变换。

（1） $x(n)=2\delta(n)-\delta(n-1)+3\delta(n-2)+\delta(n-4)$；

（2） $x(n)=0.5^n u(n)$；

（3） $x(n)=4[u(n)-u(n-3)]$；

（4） $\mathrm{e}^{-an}u(n)\cos\omega_0 n$。

2.6 设信号 $x(n)$ 的傅里叶变换为 $X(\mathrm{e}^{\mathrm{j}\omega})$，求以下序列的 DTFT[用 $X(\mathrm{e}^{\mathrm{j}\omega})$ 表示]。

（1） $x(n)-x(n-1)$；

（2） $x^*(n)$；

（3） $nx(n)$；

（4） $x(2n)$。

2.7 若 $X(\mathrm{e}^{\mathrm{j}\omega})$ 为 $x(n)$ 的傅里叶变换，$x_k(n)=\begin{cases}x\left(\dfrac{n}{k}\right), & n/k\text{ 为整数},\\[2mm] 0, & \text{其他},\end{cases}$ 求 $x_k(n)$ 的离散时间傅里叶变换 $X_k(\mathrm{e}^{\mathrm{j}\omega})$。

2.8 已知序列 $x(n)=R_4(n)$，将 $x(n)$ 以 $N=8$ 为周期进行周期延拓得到 $\tilde{x}(n)$，求 $\tilde{x}(n)$ 的 DFS。

2.9 已知 $\tilde{x}(n)$ 的周期为 N，其 DFS 为 $\tilde{X}(k)$。现令 $\tilde{X}_1(k)=\displaystyle\sum_{n=0}^{2N-1}\tilde{x}(n)W_{2N}^{nk}$，$0\leqslant k\leqslant 2N-1$，试利用 $\tilde{X}(k)$ 表示 $\tilde{X}_1(k)$。

2.10 求下面序列的 Z 变换及其收敛域。

(1) $\delta(n-1)$；

(2) $(-0.5)^n u(n)$；

(3) $-(0.5)^n u(-n-1)$；

(4) $\left(\dfrac{1}{4}\right)^n u(n)+\left(\dfrac{1}{5}\right)^n u(n)$；

(5) $n^2 x(n)$。

2.11 分别用留数法和部分分式分解法求下列 Z 反变换。

(1) $X(z)=\dfrac{1}{(z-2)\left(z-\dfrac{1}{3}\right)},\dfrac{1}{3}<|z|<2$；

(2) $X(z)=\dfrac{5z^{-1}}{1+z^{-1}-6z^{-2}},2<|z|<3$。

2.12 已知系统函数 $H(z)=\dfrac{2}{1-2z^{-1}}+\dfrac{3}{1-\dfrac{1}{2}z^{-1}}$。

(1) 根据可能的收敛域情况,说明系统的因果性及稳定性;

(2) 若系统稳定,用留数法求 Z 反变换;

(3) 若系统因果非稳定,用留数法求 Z 反变换。

2.13 已知系统的差分方程为 $y(n)=by(n-1)+x(n),|b|<1$;输入信号为 $x(n)=a^n u(n),|a|\leqslant 1$;初始条件为 $y(-1)=2$。用 Z 变换法求系统的输出响应。

2.14 一个线性因果网络用下面的差分方程描述:
$$y(n)=0.9y(n-1)+x(n)+0.9x(n-1)$$

(1) 求网络的系统函数 $H(z)$ 及其单位脉冲响应 $h(n)$;

(2) 写出网络传输函数 $H(e^{j\omega})$ 的表达式。

2.15 已知稳定线性时不变系统的结构如图 2.15 所示。

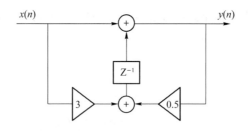

图 2.15 稳定线性时不变系统的结构

(1) 写出 $x(n)$、$y(n)$ 满足的差分方程;

(2) 求系统函数 $H(z)$,并画出零极点分布示意图;

(3) 求频率响应 $H(e^{j\omega})$;

(4) 用留数法求系统的单位脉冲响应 $h(n)$。

2.16 已知一线性非时变系统的差分方程为 $y(n)-ay(n-1)=x(n)-bx(n-1)$,其中 a、b 为实数。a 和 b 之间具备什么关系时该系统为全通系统?

第**3**章　离散傅里叶变换及其快速算法

离散傅里叶变换(Discrete Fourier Transform,DFT)是工程中被广泛应用的一种变换,且与第 2 章中的离散时间傅里叶变换(DTFT)有着极为密切的关系,本章将对这一关系以及两者的区别进行分析和讨论。

对一个绝对可和的序列,通过 DTFT 可以得到该序列的频率响应,从而获得序列的全部频域特征。DTFT 为序列的时频分析及其可解释性提供了理论基础。DFT 以有限长的序列为处理对象,其结果(即序列的频域特征)也是有限长的离散量。需要指出的是,为了适配工程应用,DFT 只适用于有限长序列,因此会在信号的频谱分析中引入偏差,但 DFT 由于具有严格的数学定义和明确的物理含义,特别是具有快速计算方法〔即快速傅里叶变换(Fast Fourier Transform,FFT)〕,因此具备了很高的实用价值,是当前信号频域分析中最重要的变换之一。

本章重点讨论频域取样定理、DFT 的定义和性质、两类基本的 FFT 算法、DFT 在线性卷积和频谱分析中的应用。本章中重要知识点的关系如图 3.1 所示,其中,DTFT 是单位圆上的 Z 变换,DFT 为单位圆上的取样 Z 变换。

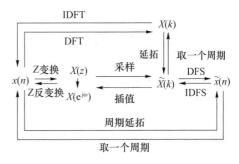

图 3.1　几种变换的关系

3.1　预备知识

3.1.1　周期序列和有限长序列的关系

由周期序列的定义可知,如果 $\tilde{x}(n)$ 为周期序列且周期为 N,则存在下列关系:
$$\tilde{x}(n)=\tilde{x}(n+rN),\quad r\in \mathbf{Z}\,\text{且}-\infty<r<+\infty \tag{3.1}$$
实际上,一个非周期序列可以通过周期延拓的方式构造成周期序列。设 $x(n)$ 为一个非

周期的有限长序列,现将 $x(n)$ 以 N 为周期进行延拓,即定义运算:

$$\tilde{x}(n) = \sum_{r=-\infty}^{\infty} x(n+rN) = x(n) * \sum_{r=-\infty}^{\infty} \delta(n+rN) \qquad (3.2)$$

则 $\tilde{x}(n)$ 是周期为 N 的周期序列。

由式(3.2)定义的周期延拓运算可以将一个有限长非周期序列 $x(n)$ 转化为周期为 N 的周期序列 $\tilde{x}(n)$。反之,长度为 N 的有限长序列 $x(n)$ 可由周期序列 $\tilde{x}(n)$ 乘矩形窗 $R_N(n)$(即截取出区间 $[0, N-1]$ 的部分)得到,即

$$x(n) = \tilde{x}(n) R_N(n) \qquad (3.3)$$

因此也称 $x(n)$ 为 $\tilde{x}(n)$ 的主值序列,区间 $[0, N-1]$ 为主值区间。

3.1.2 求模运算

为了简化周期序列 $\tilde{x}(n)$ 在主值区间的计算,引入一种新的表示方法:

$$\tilde{x}(n) = \sum_{r=-\infty}^{\infty} x(n+rN) = x((n))_N \qquad (3.4)$$

其中,$((n))_N$ 表示 n 模 N。即若 $n = n_1 + n_2 N$ 成立,且 $0 \leqslant n_1 \leqslant N-1$,则把 n_1 称为 n 对 N 的模数,也就是 n 对 N 取余数,此时,$((n))_N = n_1$。

式(3.4)体现了两层含义:

(1) $x((n))_N$ 是一个周期为 N 的周期序列,且值与 $\tilde{x}(n)$ 相等;

(2) 在 $x((n))_N$ 中,n 的取值范围被限定在 $0 \sim N-1$,因而简化了运算。

3.2 有限长序列的 DFT

3.2.1 4 种信号的傅里叶分析

信号可以分为模拟信号与数字信号,还可以分为周期信号与非周期信号,下面介绍 4 种信号的傅里叶分析。

1. 非周期模拟信号的频谱——傅里叶变换

非周期模拟信号的傅里叶变换计算如下:

$$\begin{cases} X(\mathrm{j}\Omega) = \displaystyle\int_{-\infty}^{\infty} x(t) \mathrm{e}^{-\mathrm{j}\Omega t} \, \mathrm{d}t \\ x(t) = \dfrac{1}{2\pi} \displaystyle\int_{-\infty}^{\infty} X(\mathrm{j}\Omega) \mathrm{e}^{\mathrm{j}\Omega t} \, \mathrm{d}\Omega \end{cases} \qquad (3.5)$$

图 3.2 为非周期模拟信号及其频谱的示意图。其特点为时间连续,频谱也连续。

图 3.2 非周期模拟信号及其频谱

2. 周期为 T 的模拟信号的频谱——傅里叶级数

周期为 T 的模拟信号的傅里叶级数计算如下：

$$\begin{cases} \tilde{x}(t) = \sum_{n=-\infty}^{\infty} X(jn\Omega_0) e^{jn\Omega_0 t} \\ X(jn\Omega_0) = \frac{1}{T} \int_{-\frac{T}{2}}^{\frac{T}{2}} \tilde{x}(t) e^{-jn\Omega_0 t} dt \end{cases} \qquad (3.6)$$

图 3.3 给出了周期为 T 的模拟信号及其频谱。其特点为时间连续，频谱离散且非周期。

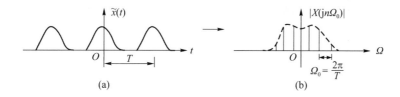

图 3.3 周期模拟信号及其频谱

3. 非周期离散时间信号的频谱——离散时间傅里叶变换

非周期离散时间信号的离散时间傅里叶变换计算如下：

$$\begin{cases} X(e^{j\omega}) = \sum_{n=-\infty}^{\infty} x(n) e^{-jn\omega} \\ x(n) = \frac{1}{2\pi} \int_{-\pi}^{\pi} X(e^{j\omega}) e^{jn\omega} d\omega \end{cases} \qquad (3.7)$$

非周期序列及其频谱如图 3.4 所示。其特点为时间离散，频谱连续。

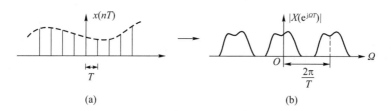

图 3.4 非周期序列及其频谱

4. 周期为 N 的离散时间信号的频谱——离散傅里叶级数

周期为 N 的离散时间信号的离散傅里叶级数定义如下：

$$\begin{cases} \tilde{x}(n) = \frac{1}{N} \sum_{k=0}^{N-1} \tilde{X}(k) W_N^{-nk} \\ \tilde{X}(k) = \sum_{n=0}^{N-1} \tilde{x}(n) W_N^{nk} \end{cases} \qquad (3.8)$$

周期为 N 的离散时间序列及其频谱如图 3.5 所示。其特点为时间离散，频谱也离散；时域和频域都是周期信号。

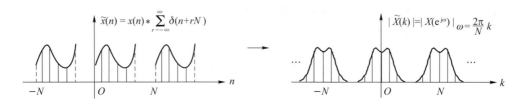

图 3.5　周期序列及其频谱

表 3.1 给出了 4 种信号傅里叶分析的时域、频域特征总结。

表 3.1　4 种傅里叶分析的时域、频域特征总结

特征	非周期模拟信号及频谱	周期性模拟信号及频谱	非周期离散时间信号及频谱	周期性离散时间信号及频谱
傅里叶变换对	$\begin{cases} X(j\Omega) = \int_{-\infty}^{\infty} x(t)e^{-j\Omega t}dt \\ x(t) = \frac{1}{2\pi}\int_{-\infty}^{\infty} X(j\Omega)e^{j\Omega t}d\Omega \end{cases}$	$\begin{cases} \tilde{x}(t) = \sum_{n=-\infty}^{\infty} X(n\Omega_0)e^{jn\Omega_0 t} \\ X(jn\Omega_0) = \frac{1}{T}\int_{-\frac{T}{2}}^{\frac{T}{2}} \tilde{x}(t)e^{-jn\Omega_0 t}dt \end{cases}$	$\begin{cases} X(e^{j\omega}) = \sum_{n=-\infty}^{\infty} x(n)e^{-jn\omega} \\ x(n) = \frac{1}{2\pi}\int_{-\pi}^{\pi} X(e^{j\omega})e^{jn\omega}d\omega \end{cases}$	$\begin{cases} \tilde{x}(n) = \frac{1}{N}\sum_{k=0}^{N-1} \tilde{X}(k)W_N^{-nk} \\ \tilde{X}(k) = \sum_{n=0}^{N-1} \tilde{x}(n)W_N^{nk} \end{cases}$
时域波形	（图 $x(t)$）	（图 $\tilde{x}(t)$，周期 T）	（图 $x(n)=x_a(nT)$）	（图 $\tilde{x}(n)=\tilde{x}_a(nT)$，$T=\frac{1}{f_s}$，$T_0=\frac{1}{F_0}$）
	连续,非周期 ↕ 非周期,连续	连续, 周期(T) ↕ 非周期,离散 $\left(\Omega_0 = \frac{2\pi}{T}\right)$	离散(T), 非周期 ↕ 周期$\left(\Omega_s = \frac{2\pi}{T}\right)$,连续	离散(T), 周期(T_0) ↕ 周期$\left(\Omega_s = \frac{2\pi}{T}\right)$ 离散$\left(\Omega_0 = \frac{2\pi}{T_0}\right)$
频域幅度特性	（图 $\lvert X(j\Omega)\rvert$）	（图 $\lvert X(jn\Omega_0)\rvert$，$\Omega_0=\frac{2\pi}{T}$）	（图 $\lvert X(e^{j\omega})\rvert$）	（图 $\tilde{X}(k)=\lvert\tilde{X}(e^{j\Omega_0 T})\rvert$，$\Omega_s=\frac{2\pi}{T}$）

注:(1) 所有的频率响应幅度都对 $\Omega=0$(或 $\omega=0$ 或 $k=0$)显偶对称性。

(2) 任何一个域连续,则在另一个域为非周期的,任何一个域离散,则在另一个域为周期的。

(3) 有限长序列的离散傅里叶变换(DFT)是(DFS)取一个周期中的值即取主值区间($0\leqslant n\leqslant N-1$,$0\leqslant k\leqslant N-1$) 中的值。

(4) 频率只画了幅度响应。

通过对上述 4 种信号的时频域映射关系的分析,可以得到如下结论。

(1) 时域信号的连续性映射到频域后决定其频谱的周期性:若时域连续,则其频谱是非周期的;若时域离散,则其频谱是周期的。时域间隔 T 映射为频域周期 Ω_s:$\Omega_s = \dfrac{2\pi}{T}$。

(2) 时域信号的周期性映射到频域后决定其频谱的连续性或离散性:若时域是非周期的,则其频谱是连续的;若时域是周期的,则其频谱是离散的。时域周期 T_0 映射为频域间

隔 Ω_0 : $\Omega_0 = \dfrac{2\pi}{T_0}$。

上述 4 种信号的傅里叶变换建立起了信号在时域和频域的一一对应关系,特别为信号的频域分析奠定了理论基础。然而,从工程应用的角度来说,能便捷地计算信号的频谱是基本要求。在上述 4 种信号中,只有离散周期序列满足这一要求,而其余 3 种信号的频谱函数要么信号的数学解析式不明确,要么不能直接利用计算机进行数值计算。然而,就离散周期序列而言,其时域长度及其频谱函数都是无限的,在工程上也难以直接使用。因此,有必要专门针对有限长时间序列引入新的频域分析方法,使其傅里叶表示是有限长的离散量,以便于计算机进行处理。

3.2.2　从 DTFT 到 DFT

理论上,只要序列 $x(n)$ 绝对可和,它的一切频域特性就都可以通过 DTFT 求出。然而,计算 DTFT 需要对无穷项求和,导致 DTFT 难以被实际的数字系统直接使用。因此实际应用中有必要引入新的变换,即以有限长序列为处理对象,其结果(即序列的频域特征)也是有限长的离散量,本章要定义的 DFT 就是符合这一要求的变换方法。DFT 是对任意有限长序列可数值计算的傅里叶变换。

DFT 的导出既可以从时域推导又可以直接从频域推导,本书重点介绍后者(可扫描右侧二维码查看时域推导内容)。回顾非周期序列和周期序列频谱的计算方法可知,前者利用了离散时间傅里叶变换(DTFT),后者采用了离散傅里叶级数(DFS)。此外,借助于周期延拓运算能够将

DFT 的时域推导

非周期有限长序列构造成一个周期序列,因此,DTFT 和 DFS 之间存在密切的关系。实际上,DFS 就是在频域中对 DTFT 等间隔取样获得的频域周期序列,而 DFT 则是 DFS 的主值区间,下面进行详细分析。

3.2.3　频域取样

时域取样定理表明,模拟信号在时域中的取样在频域上体现为原信号频谱的周期延拓(周期化),且延拓周期等于取样频率(角频率)。事实上,反过来也有类似的性质:序列的 DTFT 在频域中的取样表现在时域上也是原时域序列的周期延拓(周期化),且延拓周期等于频域取样的点数,这就是频域取样定理。

如图 3.6 所示,序列 $x(n)$ 的 DTFT——$X(\mathrm{e}^{\mathrm{j}\omega})$ 是以 2π 为周期的连续函数。

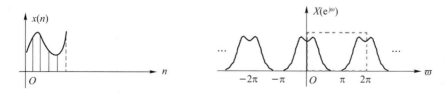

图 3.6　序列 DTFT 的周期性

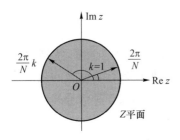

图 3.7　频域取样示意图

与时域取样类似,在频域上$(-\infty<\omega<+\infty)$对$X(\mathrm{e}^{\mathrm{j}\omega})$等间隔取样$N$个点$\left(\text{取样间隔为}\dfrac{2\pi}{N}\right)$,如图 3.7 所示。

由于$X(\mathrm{e}^{\mathrm{j}\omega})$以$2\pi$为周期,因此取样点便构成了频域上的一个周期序列(周期为N),这就是离散傅里叶级数(DFS),用$\tilde{X}(k)$表示:

$$\tilde{X}(k)=X(\mathrm{e}^{\mathrm{j}\omega})\big|_{\omega=\frac{2\pi}{N}k}\ (k\in\mathbf{Z}\ \text{且}-\infty<k<+\infty) \tag{3.9}$$

即

$$\tilde{X}(k)=\sum_{n=-\infty}^{\infty}x(n)\mathrm{e}^{-\mathrm{j}\frac{2\pi}{N}kn} \tag{3.10}$$

令$n=m+rN$,其中$m=0,\cdots,N-1,r$为整数,有

$$\begin{aligned}\tilde{X}(k)&=\sum_{m=0}^{N-1}\sum_{r=-\infty}^{\infty}x(m+rN)\mathrm{e}^{-\mathrm{j}\frac{2\pi}{N}k(m+rN)}\\&=\sum_{m=0}^{N-1}\tilde{x}(m)\mathrm{e}^{-\mathrm{j}\frac{2\pi}{N}km}\end{aligned} \tag{3.11}$$

式(3.11)表明:如果频域周期序列$\tilde{X}(k)$是非周期序列$x(n)$的DTFT〔即$X(\mathrm{e}^{\mathrm{j}\omega})$〕的等间隔取样(离散化),那么$\tilde{X}(k)$的IDFS对应的时域序列则为周期序列$\tilde{x}(n)$,也就是$x(n)$在时域上的周期延拓(周期为频域取样点数$N$),即如果

$$x(n)\xrightarrow{\text{DTFT}}X(\mathrm{e}^{\mathrm{j}\omega}) \tag{3.12}$$

$$\tilde{X}(k)=X(\mathrm{e}^{\mathrm{j}\omega})\big|_{\omega=\frac{2\pi}{N}k} \tag{3.13}$$

则有

$$\tilde{x}(n)=\mathrm{IDFS}\{\tilde{X}(k)\}=\sum_{r=-\infty}^{\infty}x(n+rN) \tag{3.14}$$

注意,由于$x(n)$的长度和频域取样的点数可能不一样,因此由IDFS恢复的时域序列可能存在误差。下面分两种情况讨论,设$x(n)$的长度为N,频域取样的点数为M。

(1) $M\geqslant N$

当频域取样的点数大于或等于时域序列的长度时,在周期化过程中$\left(\tilde{x}(n)=\sum\limits_{r=-\infty}^{\infty}x(n+rM)\right)$不会出现时域序列的混叠,$\tilde{x}(n)$与原序列$x(n)$在$0\leqslant n\leqslant N-1$的范围内完全相同,此时由周期序列$\tilde{x}(n)$能够无失真恢复原序列$x(n)$(取主值),如图 3.8(a)所示。考虑到时域-频域的对应关系,这意味着原序列$x(n)$的频率响应$X(\mathrm{e}^{\mathrm{j}\omega})$可以由其取样值$\tilde{X}(k)$唯一表示。

(2) $M<N$

当频域取样的点数小于时域序列的长度时,此时在$x(n)$周期延拓过程中会出现混叠失真,如图 3.8(b)所示,$\tilde{x}(n)$与原序列$x(n)$在$0\leqslant n\leqslant N-1$范围内的值不完全相

同,这意味着 $\widetilde{X}(k)$ 不能准确表示 $X(e^{j\omega})$。

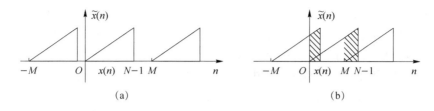

图 3.8 频域取样点数对 IDFS 的影响

【例 3.1】(1)$N=4$ 点序列 $x(n)=\{1,0,0,1\}$ 计算 DTFT 后,在频域等间隔取 $M=8$ 个点后进行 IDFS 并取主值,求 $x_1(n)$;(2)$N=8$ 点序列 $x(n)=\{1,0,0,1,1,0,0,1\}$ 计算 DTFT 后,在频域等间隔取 $M=6$ 个点后进行 IDFS 并取主值,求 $x_2(n)$。

解:(1)由于 $8>4$,情况符合图 3.8(a),在时域周期延拓(周期为 8)后没有混叠,因此 $x_1(n)=\{1,0,0,1,0,0,0,0\}$。

(2)由于 $6<8$,情况符合图 3.8(b),在时域周期延拓(周期为 6)后有混叠,应将重叠部分加起来,因此 $x_2(n)=\{1,1,0,1,1,0\}$。

3.2.4 从 DFS 到 DFT

将上述频域取样过程进一步简化,即仅在 $X(e^{j\omega})$ 的 $[0,2\pi]$ 这一个周期上等间隔取样 N 个点,如图 3.6(b)中的虚线框所示,此时,由 $X(e^{j\omega})$ 定义一个 N 点序列 $X(k)$——离散傅里叶变换(DFT)。显然,DFT 是 DFS 的主值序列,反之,DFS 是 DFT 的周期延拓,即两者存在如下关系:

$$X(k)=\widetilde{X}(k)R_N(k) \tag{3.15}$$

$$\widetilde{X}(k)=\sum_{r=-\infty}^{\infty} X(k+rN)=X((k))_N \tag{3.16}$$

既然 $x(n)$ 和 $X(k)$ 分别为 $\widetilde{x}(n)$ 和 $\widetilde{X}(k)$ 的主值序列,那必然存在

$$X(k)=\sum_{n=0}^{N-1} x(n)W_N^{nk}=\widetilde{X}(k)R_N(k) \tag{3.17}$$

$$x(n)=\frac{1}{N}\sum_{k=0}^{N-1} X(k)W_N^{-nk}=\widetilde{x}(n)R_N(n) \tag{3.18}$$

其中,n、$k\in\{0,1,\cdots,N-1\}$,$W_N=e^{-j\frac{2\pi}{N}}$。W_N^n 的模为 1,其与 $x(n)$ 相乘后,只会改变 $x(n)$ 的相位而不会影响其幅度,因此称 W_N^n 为旋转因子。将式(3.17)和式(3.18)所表示的变换关系定义为离散傅里叶变换对。其中,$k=0$ 时的 $X(0)$ 称为频谱函数的直流分量;$k=1$ 时的 $X(1)$ 称为频谱函数的基频分量;$k>1$ 时的 $X(k)$ 称为频谱函数的 k 次谐波分量。

可以看出,DFT 和 DFS 具有相同的运算结构,因而具有类似的性质。但 DFT 是一种适用于有限长序列的变换,其优势在于,对于任何有限长序列 $x(n)$ 都可以通过计算 DFT 获得其频谱 $X(k)$,从而表示其频率响应 $X(e^{j\omega})$。实际上,从频谱分析的角度来看,序列 $x(n)$ 的 DFT $X(k)$ 是其 DTFT $X(e^{j\omega})$ 的近似。在 3.3 节将推导说明,利用频域内插方法,通过 $X(k)$ 可以求出任一频率处的频率响应 $X(e^{j\omega})$,即可以从 $X(k)$ 重建 $X(e^{j\omega})$。

此外,由频域取样定理可知,在对 $X(\mathrm{e}^{\mathrm{j}\omega})$ 取样时,如果取样间隔为 $\dfrac{2\pi}{M}$,则时域上的延拓周期为 M,而当 $M \geqslant N$〔N 为原序列 $x(n)$ 的长度〕时,$\tilde{x}(n)$ 中不会存在混叠,因而能够从 $\tilde{x}(n)$ 中无失真恢复原序列 $x(n)$,也就是说,能够由 $X(k)$ 准确重建 $X(\mathrm{e}^{\mathrm{j}\omega})$ 以及 $X(z)$。因此,对序列 $x(n)$ 作 DFT 时,要求 DFT 的点数 M 不低于 $x(n)$ 的长度 N。

综上,DFT 不仅内嵌了 DTFT 的理论意义,实用化了序列频域特征的分析方法,还有快速实现算法,因而在数字信号处理领域尤为重要。

需要说明的是,在 DFT 的定义中,变换系数 $X(k)$ 的变换系数标号 k 和数字角频率 ω、模拟角频率 Ω 以及模拟频率 f 存在一一对应关系,如图 3.9 所示。图 3.9 表明,在 $X(\mathrm{e}^{\mathrm{j}\omega})$ 的一个周期里($0 \leqslant \omega < 2\pi$)等间隔取样 N 个点,$0 \leqslant k \leqslant N-1$,标号 k 对应的数字角频率为 $\omega = \dfrac{2\pi k}{N}$。借助模拟角频率 Ω 和数字角频率的线性关系,以及模拟角频率和模拟频率的线性关系,很容易得到标号 k 和模拟频率 f 的对应关系:

$$\omega = \frac{2\pi}{N}k \Rightarrow \Omega T_{\mathrm{s}} = \frac{2\pi}{N}k \Rightarrow \Omega = \frac{2\pi f_{\mathrm{s}}}{N}k = 2\pi f \tag{3.19}$$

因此有

$$f = \frac{f_{\mathrm{s}}}{N}k \tag{3.20}$$

记 $\Delta f = \dfrac{f_{\mathrm{s}}}{N}$ 为频率分辨率。N 越大,取样间隔越小,Δf 越小、频率分辨率越高。这些概念将在后续的频谱分析中使用。

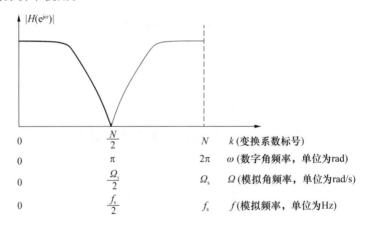

图 3.9 标号 k 和数字角频率 ω、模拟角频率 Ω 以及模拟频率 f 的对应关系

3.2.5 旋转因子的特性

易证明,集合 $\{W_N^{nk}, k=0,1,\cdots,N-1\}$ 可构成一个完备的离散正交系,即集合中任意两个复指数序列构成的复向量的内积为 0。即若 $\boldsymbol{W}_{k_1} = (W_N^0, W_N^{k_1}, W_N^{2k_1}, \cdots, W_N^{(N-1)k_1})^{\mathrm{T}}$,$\boldsymbol{W}_{k_2} = (W_N^0, W_N^{k_2}, W_N^{2k_2}, \cdots, W_N^{(N-1)k_2})^{\mathrm{T}}$,则当 $k_1 \neq k_2$ 时 $\boldsymbol{W}_{k_2}^{\mathrm{T}} \cdot \boldsymbol{W}_{k_1}^{*} = 0$。

证明:

$$\sum_{n=0}^{N-1} W_N^{-nk_1} \times W_N^{nk_2} = \sum_{n=0}^{N-1} W_N^{-n(k_1-k_2)}$$

$$= \frac{1 - W_N^{-(k_1-k_2)N}}{1 - W_N^{-(k_1-k_2)}}$$

进一步有

$$\frac{1}{N}\sum_{n=0}^{N-1} W_N^{-nk_1} \times W_N^{nk_2} = \frac{1}{N}\sum_{n=0}^{N-1} W_N^{-n(k_1-k_2)} = \begin{cases} 1, & k_1 = k_2 \\ 0, & k_1 \neq k_2 \end{cases} = \delta(k_1 - k_2)$$

因此,DFT 本质上就是将一个有限长序列 $x(n)$ 通过一组由旋转因子 W_N^k 构成的正交基正交分解的过程:

$$x(n) = \frac{1}{N}\sum_{k=0}^{N-1} X(k)W_N^{-nk}$$

或者说,一个长度为 N 的序列 $x(n)$ 一定能表示成有限项(N 个)的旋转因子的线性组合,其加权系数就是 DFT 的变换系数 $X(k)$。

DFT 的矩阵运算

3.3 DFT 与 Z 变换和 DTFT 的关系

有限长序列 $x(n)$ 既存在 Z 变换 $X(z)$(ROC:$|z|>0$),又存在 DTFT 以及 DFT。3 种变换都与时域序列 $x(n)$ 一一对应:只要知道三者之一就能恢复出原序列 $x(n)$。因此,三者关系紧密。3.2 节已经明确定义了序列的 DFT 为其 DTFT 在一个周期 $[0,2\pi)$ 内的等间隔取样,本节将对此做进一步讨论。

给定长度为 N 的有限长序列 $x(n)$,即 $0 \leqslant n \leqslant (N-1)$,其 DFT 结果为 $X(k)$,$k = 0,1,\cdots,N-1$。

3.3.1 由 Z 变换表示 DFT

由于有限长序列 $x(n)$ 一定绝对可和,满足 Z 变换成立的充要条件,因此 $x(n)$ 的 Z 变换总是存在:

$$X(z) = \sum_{n=-\infty}^{\infty} x(n)z^{-n} = \sum_{n=0}^{N-1} x(n)z^{-n}, \quad |z| > 0 \tag{3.21}$$

$X(z)$ 的收敛域必然包含单位圆 $z = e^{j\omega}$($|z|=1$)。

若将单位圆 N 等分,即令 $z = e^{j\frac{2\pi k}{N}}$,$k \in \{0,1,\cdots,N-1\}$,则

$$X(k) = \sum_{n=0}^{N-1} x(n)e^{-j\frac{2\pi nk}{N}} = \sum_{n=0}^{N-1} x(n)W_N^{nk} = \text{DFT}\{x(n)\} \tag{3.22}$$

可见,

$$X(k) = X(e^{j\omega})\Big|_{\omega=\frac{2\pi k}{N}} = X(z)\Big|_{z=e^{j\frac{2\pi k}{N}}}, \quad k \in \{0,1,\cdots,N-1\} \tag{3.23}$$

式(3.23)说明,Z 变换在这些离散点上的值正是有限长序列的 DFT,这表明序列的 DFT 等于序列的 Z 变换 $X(z)$ 在 Z 平面单位圆上的等间隔取样,如图 3.10 所示。

如果从 Z 变换的角度来看,DFT 结果包含了 Z 平面上 N 个离散点处的 Z 变换结果,这 N 个离散点均匀地分布在单位圆上,因此也称 DFT 为单位圆上的取样 Z 变换。

从 DFT 的引入可知,有限长序列的 DFT 结果仅为 N 个离散频率点处的 DTFT 结果,

这 N 个离散频率点等间隔地分布在区间 $[0,2\pi)$ 内。因此,DFT 与 DTFT 具有类似的性质,最为突出的性质是周期性和对称性。

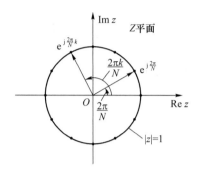

图 3.10 Z 平面单位圆上的 N 等分

3.3.2 Z 域内插和频域内插

尽管 $X(k)$ 仅为一个 N 点序列,但在一定条件下由序列 $X(k)$ 可以确定单位圆上任一频率点处的 $X(e^{j\omega})$,甚至 Z 平面上任一点处的 $X(z)$。由序列 $X(k)$ 重建函数 $X(z)$ 或 $X(e^{j\omega})$ 的过程称为变换域内插。具体地,变换域内插又分为 Z 域内插和频域内插。

1. Z 域内插(由 DFT 表示 Z 变换)

有限长序列的 DFT 可以由其 Z 变换在单位圆上的等间隔取样来表示,反之,有限长序列的 Z 变换也可以由 $X(k)$ 唯一表示。

如前文所述,若序列 $X(k)$ 已知,则可由离散傅里叶逆变换(Inverse Discrete Fourier Transform,IDFT)唯一表示 $x(n)$,进一步可得到 Z 域内插公式:

$$X(z) = \sum_{n=0}^{N-1} x(n)z^{-n} = \sum_{n=0}^{N-1} \left[\frac{1}{N}\sum_{k=0}^{N-1} X(k)W_N^{-nk}\right]z^{-n}$$

$$= \sum_{k=0}^{N-1} X(k)\left[\frac{1}{N}\sum_{n=0}^{N-1}(W_N^{-k}z^{-1})^n\right]$$

$$= \sum_{k=0}^{N-1} X(k)\frac{1}{N}\frac{1-W_N^{-Nk}z^{-N}}{1-W_N^{-k}z^{-1}}$$

$$= \sum_{k=0}^{N-1} X(k)\frac{1}{N}\frac{1-z^{-N}}{1-W_N^{-k}z^{-1}}$$

$$= \sum_{k=0}^{N-1} X(k)\Phi(W_N^k z) \qquad (3.24)$$

其中

$$\Phi(z) = \frac{1}{N}\frac{1-z^{-N}}{1-z^{-1}} \qquad (3.25)$$

称 $\Phi(z)$ 为 Z 域内插函数,它具有以下特点。

（1）$\Phi(z)$ 在 $z=0$ 有一个 $N-1$ 阶极点；

（2）$\Phi(z)$ 存在 $N-1$ 个一阶零点 $z_l=\mathrm{e}^{\mathrm{j}\frac{2\pi l}{N}}$，$l=1,2,\cdots,N-1$（$z=1$ 处同时有一个零点和极点，因而相互抵消）。$\Phi(z)$ 的零点、极点分布如图 3.11 所示。

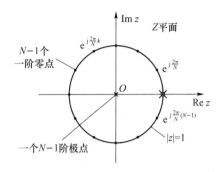

图 3.11 $\Phi(z)$ 的零点、极点分布

2. 频域内插（由 DFT 表示 DTFT）

既然 N 点序列 $X(k)$ 能够重建整个 Z 平面上的 $X(z)$，那自然也能重建单位圆上的 $X(z)$，即 $X(\mathrm{e}^{\mathrm{j}\omega})$。在 Z 域内插公式（3.24）中令 $z=\mathrm{e}^{\mathrm{j}\omega}$，可得

$$
\begin{aligned}
X(\mathrm{e}^{\mathrm{j}\omega}) &= \frac{1}{N}\sum_{k=0}^{N-1}X(k)\left.\frac{1-z^{-N}}{1-W_N^{-k}z^{-1}}\right|_{z=\mathrm{e}^{\mathrm{j}\omega}} \\
&= \frac{1}{N}\sum_{k=0}^{N-1}X(k)\frac{1-\mathrm{e}^{-\mathrm{j}\omega N}}{1-\mathrm{e}^{\mathrm{j}\frac{2\pi k}{N}}\mathrm{e}^{-\mathrm{j}\omega}} \\
&= \frac{1}{N}\sum_{k=0}^{N-1}X(k)\mathrm{e}^{-\mathrm{j}\frac{N-1}{2}\left(\omega-\frac{2\pi k}{N}\right)}\frac{\sin\left(\frac{N}{2}\left(\omega-\frac{2\pi k}{N}\right)\right)}{\sin\left(\frac{1}{2}\left(\omega-\frac{2\pi k}{N}\right)\right)}
\end{aligned}
\tag{3.26}
$$

记频域内插公式为

$$
X(\mathrm{e}^{\mathrm{j}\omega})=\sum_{k=0}^{N-1}X(k)\Phi_k(\omega)=\sum_{k=0}^{N-1}X(k)\Phi\left(\omega-\frac{2\pi k}{N}\right)
\tag{3.27}
$$

其中 $\Phi(\omega)$ 称为频域内插函数：

$$
\Phi(\omega)=\frac{1}{N}\frac{\sin\left(\frac{N\omega}{2}\right)}{\sin\left(\frac{\omega}{2}\right)}\mathrm{e}^{-\mathrm{j}\frac{N-1}{2}\omega}=\Phi(z)\Big|_{z=\mathrm{e}^{\mathrm{j}\omega}}
\tag{3.28}
$$

在区间 $[0,2\pi)$ 内，$|\Phi(\omega)|$ 具有如下特点。

（1）存在 $N-1$ 个零值点，分别为

$$
\omega=\frac{2\pi k}{N},\ k=1,2,\cdots,N-1
\tag{3.29}
$$

（2）存在 $N-1$ 个极值点：两个零值点之间有一个极值点，$|\Phi(\omega)|$ 在 $\omega=0$ 处取得最大值。

$$
|\Phi(\omega)|_{\max}=1,\quad \omega=0
\tag{3.30}
$$

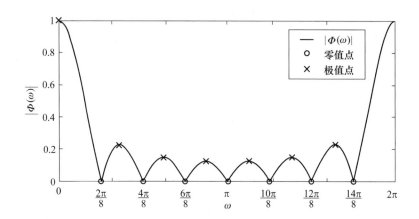

图 3.12 $N=8$ 时 $\Phi(\omega)$ 的幅频特性

【**例 3.2**】定性画出 $N=5$ 时 $|\Phi(\omega)|$ 的波形。

解：根据式(3.29)和式(3.30)可得图 3.13 所示的波形。

频域内插的
物理意义

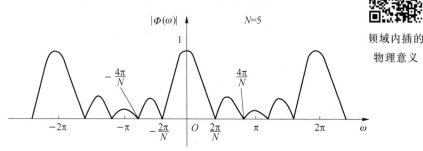

图 3.13 $N=5$ 时 $|\Phi(\omega)|$ 的波形

3.4 DFT 的性质

在讨论 DFT 的性质时,需考虑下述 3 个因素:

(1) DFT 是针对有限长序列而定义的变换,因此时域序列的长度是一个重要参数;

(2) 尽管 DFT 仅适用于有限长序列,但由于 DFT 是频域周期序列 DFS 的主值区间,因此,DFT 隐含着周期性;

(3) DFT 可以从 DTFT 导出,因此具有对称性以及由时移或频移带来的对偶特性。

1. 线性特性

两个长度均为 N 的有限长序列 $x_1(n)$ 和 $x_2(n)$,其 N 点 DFT 结果分别为 $X_1(k)$ 和 $X_2(k)$,令序列 $x_1(n)$ 和 $x_2(n)$ 的线性组合为

$$x_3(n)=ax_1(n)+bx_2(n) \tag{3.31}$$

则 $x_3(n)$ 的 N 点 DFT 为

$$X_3(k)=aX_1(k)+bX_2(k) \tag{3.32}$$

其中 a、b 为任意常数。如果两个序列不等长,则需先将短序列补 0 至相同长度,再求 DFT。

【例 3.3】设序列 $x_1(n)$ 长度为 N_1，试比较对序列直接计算 N_1 点 DFT，以及在补 0 后（即 $\{x_1(0),x_1(1),\cdots,x_1(N_1-1),x_1(N_1)=0,\cdots,x_1(N_3-1)=0\}$）计算 N_3 点（$N_3>N_1$）DFT 的区别。

解：实际上，由 DTFT 的定义易知，N_1 点的 DTFT 和 N_3 点的 DTFT 的结果是一样的。

对序列 $x_1(n)$ 作 N_3 点 DFT 变换等同于在频域上对 $X_1(\mathrm{e}^{\mathrm{j}\omega})$ 作间隔为 $\dfrac{2\pi}{N_3}$ 的取样。$N_3>N_1$，意味着频域取样间隔变小了，能够观察到更多离散频率点处的 DTFT 结果。

N_3 点频域取样映射到时域，则是 $x_1(n)$ 在时域上以 N_3 为周期的周期延拓，由于 $N_3>N_1$，因此周期序列 $\tilde{x}_1(n)$ 中不会存在混叠。

【例 3.4】令

$$p(n)=\begin{cases}x_1(n), & 0\leqslant n\leqslant (N_1-1)\\ 0, & N_1\leqslant n\leqslant 2N_1-1\end{cases}$$

并令 $X_1(k)$ 表示序列 $x_1(n)$ 的 N_1 点 DFT 结果，请用 $X_1(k)$ 表示 $P(k)$。

解：根据定义可知，$x_1(n)$ 的 $2N_1$ 点 DFT 结果为

$$
\begin{aligned}
P(k) &= \sum_{n=0}^{2N_1-1} p(n)W_{2N_1}^{nk}\\
&= \sum_{n=0}^{N_1-1} x_1(n)W_{2N_1}^{nk}\\
&= \begin{cases}\displaystyle\sum_{n=0}^{N_1-1} x_1(n)W_{N_1}^{nm}=X_1(m), & k=2m,\ m=0,1,\cdots,N_1-1\\[2mm] X_1(\mathrm{e}^{\mathrm{j}\omega})\Big|_{\omega=\frac{2\pi k}{2N_1}}, & k\neq 2m\end{cases}
\end{aligned}
\tag{3.33}
$$

式(3.33)表明了序列 $x_1(n)$ 的 $2N_1$ 点 DFT 结果与其 N_1 点 DFT 结果之间的关系，在 $X_1(k)$ 的每一个样值后插入 1 个新的取样点，所得结果就是 $P(k)$。在 $x_1(n)$ 后补 0 的个数进一步扩展到 $(M-1)N_1$ 时，也有类似的结论，这里不再赘述。

【例 3.5】若 $x(n)=\{1,2,3,4,5,6,7,8\}$，求该序列的 8 点和 16 点 DFT 结果。

解：序列 $x(n)$ 的 8 点 DFT 结果为

$\quad |X_1(k)|=\{36,10.452\,5,5.656\,9,4.329\,6,4,4.329\,6,5.656\,9,10.452\,5\}$。

16 点 DFT 结果为

$|X_2(k)|=\{36,26.420\,9,10.452\,5,8.211,5.656\,9,5.427,4.329\,6,4.589\,3,4,4.589\,3,$
$4.329\,6,5.427\,0,5.656\,9,8.211,10.452\,5,26.420\,9\}$。

两者的 $|X_2(k)|$ 如图 3.14 所示，可见，当 $m=2k,k=0,\cdots,7$ 时，$X_2(m)=X_1(k)$。

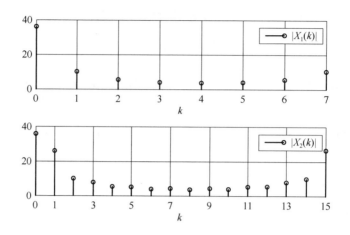

图 3.14　$N=8$ 和 $N=16$ 的 $|X(k)|$

2. 循环移位(圆周移位)运算

(1)序列的循环移位

如果 $x(n)$ 是长度为 N 的序列,则称 $x((n+m))_N R_N(n)$ 为 $x(n)$ 的循环移位(也称圆周移位)。与线性移位一样,m 为整数,但与线性移位不同的是,由于采用了模 N 运算 $((\cdot))_N$,因此,循环移位的结果仍然是集合 $\{0,1,\cdots,N-1\}$ 上的有限长序列。

具体的操作过程如下:当序列 $x(n)$ 从左或右任意一端移出区间 $[0,N-1]$ 时,移出的点又会从另一端移入。图 3.15 示意了 $N=6,m=-2$ 时的循环移位结果:原始序列右移的 2 个点依次从左侧进入补位,效果如一个循环队列。

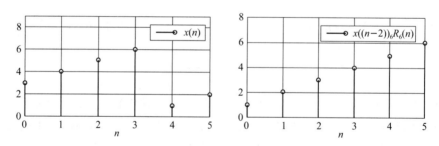

图 3.15　有限长序列的循环移位结果

图 3.15 表明,循环移位中的求模运算 $((\cdot))_N$ 起了重要作用。需要指出的是,循环移位后尽管序列本身为有限长,但隐藏着周期性。从定义可知,$x((n+m))_N R_N(n)=\tilde{x}(n+m)R_N(n)$,因此,循环移位等同于先将周期序列移位再取主值,即如图 3.16 所示。

$$x(n)\xrightarrow[\text{延拓}]{\text{周期}}\tilde{x}(n)\xrightarrow{\text{移位}}\tilde{x}(n+m)\xrightarrow[\text{序列}]{\text{取主值}}=x((n+m))_N R_N(n)$$

图 3.16　循环移位的一种生成方法

(2)时域循环移位后的 DFT

若

$$x(n)\xrightarrow{\text{DFT}}X(k) \tag{3.34}$$

则有

$$x((n+m))_N R_N(n) \xrightarrow{\text{DFT}} W_N^{-km} X(k) \tag{3.35}$$

证明： $\text{DFT}\{x((n+m))_N R_N(n)\} = \displaystyle\sum_{n=0}^{N-1} x((n+m))_N R_N(n) W_N^{nk}$

$$= \sum_{l=m}^{N-1+m} x((l))_N W_N^{(l-m)k} \quad (\text{令 } l = n+m)$$

$$= W_N^{-mk} \left\{ \sum_{l=m}^{N-1} x((l))_N W_N^{lk} + \sum_{l=N}^{N-1+m} x((l))_N W_N^{lk} \right\}$$

$$= W_N^{-mk} \left\{ \sum_{l=m}^{N-1} x(l) W_N^{lk} + \sum_{l=0}^{m-1} x(l) W_N^{lk} \right\}$$

$$= W_N^{-mk} X(k) \tag{3.36}$$

（3）频域循环移位

根据时域循环移位的对偶特性，可以导出频域循环移位的性质。

若

$$x(n) \xrightarrow{\text{DFT}} X(k), \quad Y(k) = X((k+k_0))_N R_N(n)$$

则有

$$Y(k) \xrightarrow[\text{DFT}]{\text{IDFT}} W_N^{nk_0} x(n) \tag{3.37}$$

证明过程与时域循环移位类似，直接利用 IDFT 的定义推导。

3. 循环反转运算

（1）序列的循环反转

若 $x(n)$ 是长度为 N 的序列，则称 $x((-n))_N R_N(n)$ 为 $x(n)$ 的循环反转运算，且有

$$x((-n))_N R_N(n) = x(N-n), \quad n=0,\cdots,N-1 \tag{3.38}$$

由于 $x(n)$ 隐藏着周期性，因此有 $x(N)=x(0)$。图 3.17 示意了有限长序列的循环反转过程。

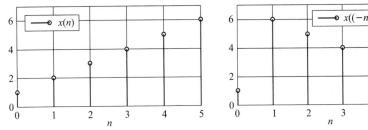

图 3.17　有限长序列的循环反转

（2）循环反转运算后的 DFT

有限长序列的循环反转运算后的 DFT 为原序列 DFT 的循环反转运算。

若

$$x(n) \xrightarrow{\text{DFT}} X(k) \tag{3.39}$$

则有

$$x((-n))_N R_N(n) \xrightarrow{\text{DFT}} X((-k))_N R_N(k) = X(N-k) \tag{3.40}$$

由于 $X(k)$ 隐藏着周期性,因此有 $X(N) = X(0)$。

证明:
$$\begin{aligned}
\text{DFT}[x((-n))_N R_N(n)] &= \sum_{n=0}^{N-1} x((-n))_N R_N(n) W_N^{nk} \\
&= \sum_{r=0}^{N-1} x(r) W_N^{-(lN+r)k} \quad (-n = lN+r, 0 \leqslant r \leqslant (N-1)) \\
&= \sum_{r=0}^{N-1} x(r) W_N^{-rk} = \sum_{r=0}^{N-1} x(r) W_N^{r(-k)} \\
&= \sum_{r=0}^{N-1} x(r) W_N^{r((-k))_N} \\
&= X((-k))_N R_N(k) = X(N-k)
\end{aligned}$$

4. 复共轭序列的 DFT

令 $x^*(n)$ 表示 $x(n)$ 的复共轭,且长度为 N,若 $x(n) \xrightarrow{\text{DFT}} X(k)$,那么

$$x^*(n) \xrightarrow{\text{DFT}} X^*((-k))_N R_N(n) = X^*(N-k), \quad 0 \leqslant k \leqslant N-1 \tag{3.41}$$

证明:
$$\begin{aligned}
X^*(N-k) &= \Big[\sum_{n=0}^{N-1} x(n) W_N^{(N-k)n} \Big]^* \\
&= \sum_{n=0}^{N-1} x^*(n) W_N^{-(N-k)n} \\
&= \sum_{n=0}^{N-1} x^*(n) W_N^{kn} = \text{DFT}(x^*(n))
\end{aligned}$$

类似可证明

$$x^*((-n))_N R_N(n) \underset{\text{IDFT}}{\overset{\text{DFT}}{\rightleftharpoons}} X^*(k) \tag{3.42}$$

5. 共轭对称性

在 DTFT 的性质中定义了共轭对称序列和共轭反对称序列,即

(1) 若 $x_e(n) = x_e^*(-n)$,则称 $x_e(n)$ 为共轭对称序列;

(2) 若 $x_o(n) = -x_o^*(-n)$,则称 $x_o(n)$ 为共轭反对称序列。

特别地,如果序列为实序列,则共轭对称就是偶对称序列(简称偶序列),有 $x_e(n) = x_e(-n)$,共轭反对称就是奇对称序列(简称奇序列),有 $x_o(n) = -x_o(-n)$。可见,偶对称序列和奇对称序列都以 $n=0$ 为对称中心。

有限长序列 $x(n)$ 定义在区间 $0 \leqslant n \leqslant N-1$ 内,因此其共轭对称序列 $x_e(n)$ 和共轭反对称序列 $x_o(n)$ 的定义分别如下:

$$x_e(n) = x_e^*((-n))_N R_N(n) = x_e^*(N-n), \quad 0 \leqslant n \leqslant N-1 \tag{3.43}$$

$$x_o(n) = -x_o^*((-n))_N R_N(n) = -x_o^*(N-n), \quad 0 \leqslant n \leqslant N-1 \tag{3.44}$$

若 N 为偶数,则用 $\frac{N}{2} - n$ 替换式(3.43)和式(3.44)中的 n,有

$$x_e\left(\frac{N}{2} - n\right) = x_e^*\left(\frac{N}{2} + n\right), \quad 0 \leqslant n \leqslant \frac{N}{2} - 1 \tag{3.45}$$

$$x_o\left(\frac{N}{2} - n\right) = -x_o^*\left(\frac{N}{2} + n\right), \quad 0 \leqslant n \leqslant \frac{N}{2} - 1 \tag{3.46}$$

可见，有限长共轭对称序列是关于 $n=\dfrac{N}{2}$ 共轭对称的。

此外，任何有限长序列 $x(n)$ 都可以分解为共轭对称序列 $x_e(n)$ 和共轭反对称序列 $x_o(n)$ 之和：

$$x(n)=x_e(n)+x_o(n) \tag{3.47}$$

其中

$$x_e(n)=\frac{1}{2}\left[x(n)+x^*(N-n)\right] \tag{3.48}$$

$$x_o(n)=\frac{1}{2}\left[x(n)-x^*(N-n)\right] \tag{3.49}$$

同理，对 $X(k)$ 可以作同样的分解，得到其共轭对称分量 $X_e(k)$ 和共轭反对称分量 $X_o(k)$，即

$$X_e(k)=X_e^*((-k))_NR_N(k)=X_e^*(N-k), \quad 0\leqslant k\leqslant N-1 \tag{3.50}$$

$$X_o(k)=-X_o^*((-k))_NR_N(k)=-X_o^*(N-k), \quad 0\leqslant k\leqslant N-1 \tag{3.51}$$

$$X(k)=X_e(k)+X_o(k) \tag{3.52}$$

$$X_e(k)=\frac{1}{2}\left[X(k)+X^*(N-k)\right] \tag{3.53}$$

$$X_o(k)=\frac{1}{2}\left[X(k)-X^*(N-k)\right] \tag{3.54}$$

设 $x(n)$ 的 DFT 为 $X(k)$，结合复共轭性质，可导出下述对称性

$$\mathrm{Re}\left[x(n)\right]\underset{\mathrm{IDFT}}{\overset{\mathrm{DFT}}{\rightleftharpoons}}X_e(k) \tag{3.55}$$

$$\mathrm{jIm}\left[x(n)\right]\underset{\mathrm{IDFT}}{\overset{\mathrm{DFT}}{\rightleftharpoons}}X_o(k) \tag{3.56}$$

$$x_e(n)\underset{\mathrm{IDFT}}{\overset{\mathrm{DFT}}{\rightleftharpoons}}\mathrm{Re}\left[X(k)\right] \tag{3.57}$$

$$x_o(n)\underset{\mathrm{IDFT}}{\overset{\mathrm{DFT}}{\rightleftharpoons}}\mathrm{jIm}\left[X(k)\right] \tag{3.58}$$

注意：若 $x(n)$ 为实序列，则有

$$X(k)=X^*(N-k) \tag{3.59}$$

若 $x(n)$ 为实偶对称序列，即 $x(n)=x(N-n)$，则进一步有

$$X(k)=X(N-k) \tag{3.60}$$

若 $x(n)$ 为实奇对称序列，即 $x(n)=-x(N-n)$，则进一步有

$$X(k)=-X(N-k) \tag{3.61}$$

利用共轭对称性，可以用一次 N 点 DFT 运算同时获得两个 N 点实序列的 DFT，达到减少计算量的目的。

【例3.6】$x_1(n)$ 和 $x_2(n)$ 都是长度为 N 的实序列，试用一次 N 点 DFT 同时求出 $X_1(k)$ 和 $X_2(k)$，其中 $X_1(k)=\mathrm{DFT}[x_1(n)]$ 和 $X_2(k)=\mathrm{DFT}[x_2(n)]$。

解：先利用两序列构成一个复序列 $w(n)$，即

$$w(n)=x_1(n)+\mathrm{j}x_2(n)$$

$$\begin{aligned} \text{DFT}[w(n)] = W(k) &= \text{DFT}[x_1(n) + jx_2(n)] \\ &= \text{DFT}[x_1(n)] + j\text{DFT}[x_2(n)] \\ &= X_1(k) + jX_2(k) \end{aligned}$$

又 $$x_1(n) = \text{Re}[w(n)]$$

故 $$\begin{aligned} X_1(k) = \text{DFT}\{\text{Re}[w(n)]\} &= W_e(k) \\ &= \frac{1}{2}[W(k) + W^*(N-k)] \end{aligned}$$

同理

$$x_2(n) = \text{Im}[w(n)]$$

$$X_2(k) = \frac{1}{j}W_o(k) = \frac{1}{2j}[W(k) - W^*(N-k)]$$

用一次 DFT 求出 $W(k)$ 后,按上述公式就可以求得 $X_1(k)$、$X_2(k)$。

6. 循环卷积(圆周卷积)运算

(1) 定义

循环卷积是 DFT 特有的一种运算,且与线性卷积有着密切的关系。在一定条件下,可以用循环卷积来实现线性卷积,这是 DFT 的重要应用之一。

设 $x(n)$ 和 $h(n)$ 都是定义在区间 $[0, N-1]$ 上长度均为 N 的有限长序列,则两序列的 N 点循环卷积 $y_c(n)$ 的定义为

$$\begin{aligned} y_c(n) &= \Big[\sum_{m=0}^{N-1} x(m)h((n-m))_N\Big]R_N(n) \\ &= \Big[\sum_{m=0}^{N-1} h(m)x((n-m))_N\Big]R_N(n) \\ &= x(n) \otimes h(n) \end{aligned} \tag{3.62}$$

可以看到,和线性卷积一样,循环卷积服从交换律,即 $x(n)$ 和 $h(n)$ 的先后顺序不影响输出结果,用符号 $\otimes$ 表示。实际上,循环卷积是序列 $h(n)$ 和经循环移位后的 $x(n)$〔m 在 $1 \sim N-1$ 时,可以获得 $N-1$ 个新序列,连同原序列($m=0$ 时)的话,共有 N 个有限长序列〕的一种线性组合,$h(n)$ 为权重。

循环卷积的
线性组合过程

两个有限长序列的循环卷积与其线性卷积既有区别又有联系。回顾两个序列的线性卷积:

$$y_l(n) = \sum_{m=-\infty}^{\infty} x(m)h(n-m) = \sum_{m=-\infty}^{\infty} h(m)x(n-m) \tag{3.63}$$

在线性卷积中,对两个序列是否等长不做要求,对卷积的范围也没有限制,且卷积后的输出序列的长度为两个输入序列的长度之和减一。此外还需注意:

① 如果两个序列不等长,则在进行循环卷积时,需要对短序列补 0,使两者长度相等;

② 如果两个序列长度都为 N,但要进行 $M(M > N)$ 点的循环卷积,则需要同时先对两个序列补 0 至 M 点,再进行卷积操作。

(2) 利用同心圆法进行循环卷积运算的过程

循环卷积的运算过程可用两个同心圆来表示,如图 3.18 所示,其主要步骤如下。

步骤 1：将 $h(n)$（作为内圆）沿顺时针方向排列，将 $x(n)$（作为外圆）沿逆时针方向排列，$h(0)$ 与 $x(0)$ 在 12 点方向对齐；将两圆上对应数两两相乘后再求和，得 $y(0)$。

步骤 2：内圆保持不动，将 $x(n)$（即外圆）顺时针转动一位，重复步骤 2，得 $y(1)$。

步骤 3：按相同方法依次计算 $y(2) \sim y(N-1)$。

可以看到，同心圆法适合短序列的循环卷积。

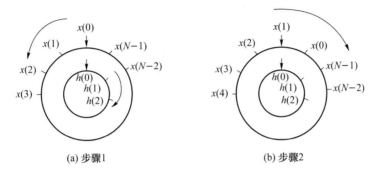

(a) 步骤1   (b) 步骤2

图 3.18　利用同心圆法进行循环卷积运算的过程

【**例 3.7**】设 $x_1(n) = \{1,2,3,4,5\}$，$x_2(n) = \{6,7,8,9\}$，计算 5 点循环卷积 $x_1(n) \otimes x_2(n)$。

解：因为

$$x_1(n) \otimes x_2(n) = \Big[\sum_{m=0}^{4} x_1(m) x_2((n-m))_5\Big] R_5(n)$$

所以，$n=0$ 时，

$$\sum_{m=0}^{4} x_1(m) x_2((0-m))_5 = \sum_{m=0}^{4} [\{1,2,3,4,5\} * \{6,0,9,8,7\}]$$

$$= \sum_{m=0}^{4} \{6,0,27,32,35\} = 100$$

$n=1$ 时，

$$\sum_{m=0}^{4} x_1(m) x_2((1-m))_5 = \sum_{m=0}^{4} [\{1,2,3,4,5\} * \{7,6,0,9,8\}]$$

$$= \sum_{m=0}^{4} \{7,12,0,36,40\} = 95$$

$n=2$ 时，

$$\sum_{m=0}^{4} x_1(m) x_2((2-m))_5 = \sum_{m=0}^{4} [\{1,2,3,4,5\} * \{8,7,6,0,9\}]$$

$$= \sum_{m=0}^{4} \{8,14,18,0,45\} = 85$$

$n=3$ 时，

$$\sum_{m=0}^{4} x_1(m) x_2((3-m))_5 = \sum_{m=0}^{4} [\{1,2,3,4,5\} * \{9,8,7,6,0\}]$$

$$= \sum_{m=0}^{4} \{9,16,21,24,0\} = 70$$

$n=4$ 时，

$$\sum_{m=0}^{4} x_1(m) x_2((4-m))_5 = \sum_{m=0}^{4} \left[\{1,2,3,4,5\} * \{0,9,8,7,6\} \right]$$

$$= \sum_{m=0}^{4} \{0,18,24,28,30\} = 100$$

即

$$x_1(n) \otimes x_2(n) = \{100, 95, 85, 70, 100\}。$$

（3）DFT 的时域卷积定理

设 $x(n)$ 和 $h(n)$ 是长度为 N 的序列，并且 $x(n) \xrightarrow{\text{DFT}} X(k)$，$h(n) \xrightarrow{\text{DFT}} H(k)$。若 $y_c(n) = x(n) \otimes h(n)$，则

$$Y_c(k) = \text{DFT}\{y_c(n)\} = X(k) \times H(k) \tag{3.64}$$

证明：

$$Y_c(k) = \text{DFT}\{y_c(n)\}$$

$$= \sum_{n=0}^{N-1} y_c(n) W_N^{nk}$$

$$= \sum_{n=0}^{N-1} \left\{ \left[\sum_{m=0}^{N-1} x(m) h((n-m))_N \right] R_N(n) \right\} W_N^{nk}$$

$$= \sum_{m=0}^{N-1} x(m) \left\{ \sum_{n=0}^{N-1} h((n-m))_N W_N^{nk} \right\}$$

$$= \sum_{m=0}^{N-1} x(m) \{ W_N^{mk} H(k) \} = \left\{ \sum_{m=0}^{N-1} x(m) W_N^{mk} \right\} H(k)$$

$$= X(k) \times H(k)$$

根据 DFT 的时域卷积定理，两个序列时域上的循环卷积可通过先求频域上两者 DFT 的乘积，再求 IDFT 来实现，其算法框架如图 3.19 所示。

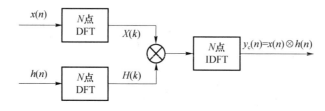

图 3.19 循环卷积的频域计算方法

尽管上述框架中用到了 2 次 DFT 和 1 次 IDFT，但由于 DFT 和 IDFT 具有快速计算方法（即 FFT 和 IFFT），因此实际上的计算量较小，因而该框架在工程上被广泛使用。

需要特别说明的是，如果 $x(n)$ 和 $h(n)$ 的长度不相等，需将短序列后补 0 后按长序列的长度进行 DFT 和 IDFT。

（4）DFT 的频域卷积定理

根据 DFT 所具有的对偶特性易知，若 $Y(k) = \dfrac{1}{N} \left[\sum_{l=0}^{N-1} X(l) H((k-l))_N \right] R_N(k)$，那么

$$y(n) = \text{IDFT}\{Y(k)\} = x(n) \times h(n) \tag{3.65}$$

7. Parseval 定理（能量定理）

假设长度为 N 的有限长序列 $x(n)$，其 N 点 DFT 的结果为 $X(k)$，则有

$$\sum_{n=0}^{N-1}|x(n)|^{2}=\frac{1}{N}\sum_{k=0}^{N-1}|X(k)|^{2} \qquad (3.66)$$

证明：

$$\sum_{n=0}^{N-1}|x(n)|^{2}=\sum_{n=0}^{N-1}x(n)x^{*}(n)$$

$$=\sum_{n=0}^{N-1}\Big[\frac{1}{N}\sum_{k=0}^{N-1}X(k)W_{N}^{-nk}\Big]x^{*}(n)$$

$$=\frac{1}{N}\sum_{k=0}^{N-1}X(k)\Big[\sum_{n=0}^{N-1}x^{*}(n)W_{N}^{-nk}\Big]$$

$$=\frac{1}{N}\sum_{k=0}^{N-1}X(k)\Big[\sum_{n=0}^{N-1}x(n)W_{N}^{nk}\Big]^{*}$$

$$=\frac{1}{N}\sum_{k=0}^{N-1}X(k)X^{*}(k)$$

$$=\frac{1}{N}\sum_{k=0}^{N-1}|X(k)|^{2}$$

Parseval 定理表明,频域序列 $X(k)$ 能够表示信号的时域能量,且序列的时域能量等于其频域能量。可见,尽管 DFT 有别于 DTFT,但其物理含义是明确的。

Parseval 定理的
另一种证明方法

表 3.2 给出了常用的 DFT 性质。

表 3.2　常用的 DFT 性质

时　域	频　域
$x^{*}(n)$	$X^{*}(N-k)$ 且 $X^{*}(N)=X^{*}(0)$
$x^{*}(N-n)$ 或 $x^{*}((-n))_{N}R_{N}(n)$	$X^{*}(k)$
$\mathrm{Re}[x(n)]=[x(n)+x^{*}(n)]/2$	$X_{e}(k)$
$\mathrm{j}\mathrm{Im}[x(n)]=[x(n)-x^{*}(n)]/2$	$X_{o}(k)$
$x_{e}(n)$	$\mathrm{Re}[X(k)]$
$x_{o}(n)$	$\mathrm{j}\mathrm{Im}[X(k)]$
$x((-n))_{N}R_{N}(n)$ 或 $x(N-n)$	$X((-k))_{N}R_{N}(k)$ 或 $X(N-k)$
$x((n-m))_{N}R_{N}(n)$	$X(k)W_{N}^{mk}$
$x(n)$ 为实序列,$x(n)=x^{*}(n)$	$X(k)=X^{*}(N-k)$
$x(n)$ 为实偶对称序列,$x(n)=x(N-n)$	$X(k)=X(N-k)$
$x(n)$ 为实奇对称序列,$x(n)=-x(N-n)$	$X(k)=-X(N-k)$
$x(n)\otimes h(n)$	$X(k)H(k)$
$x(n)h(n)$	$\dfrac{1}{N}X(k)\otimes H(k)$
时域能量为 $\sum\limits_{n=0}^{N-1}|x(n)|^{2}$	频域能量为 $\dfrac{1}{N}\sum\limits_{k=0}^{N-1}|X(k)|^{2}$

注:$x(n)$ 和 $h(n)$ 的 N 点 DFT 分别为 $X(k)$ 和 $H(k)$。

3.5 DFT 的应用

DFT 是针对有限长序列所定义的变换,其变换结果也为有限长序列,因此,在实际的数字系统中 DFT 得到了广泛应用。

3.5.1 用 DFT 计算线性卷积的方法

一个线性时不变离散系统的输入输出关系可表示为 $y(n) = x(n) * h(n)$,如图 3.20 所示,给定输入时,通过线性卷积就能求出输出。但很多时候直接在时域计算线性卷积的话,复杂度比较高。我们注意到:

(1) 利用 DFT 的时域卷积定理计算循环卷积的速度快;

(2) 循环卷积不同于线性卷积。

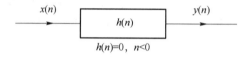

图 3.20 线性时不变离散系统

为了利用 DFT 的时域卷积定理计算循环卷积从而加快计算速度,现对循环卷积进行改造使之适用于线性卷积。首先明确两种卷积的关系,以及两者相等的条件。

假设序列 $x(n)$ 和 $h(n)$ 长度分别为 N 和 M,两者的线性卷积结果为 $y_l(n)$,两者 $L[L = \max(N,M)]$ 点的循环卷积为 $y_c(n)$,有

$$y_l(n) = x(n) * h(n) = \sum_{k=0}^{N-1} x(k)h(n-k) \tag{3.67}$$

$$y_c(n) = \Big[\sum_{m=0}^{L-1} x(m)h\,((n-m))_L\Big]R_L(n), n = 0,1,\cdots,L-1 \tag{3.68}$$

又因

$$h((n))_L = \sum_{r=-\infty}^{\infty} h(n+rL) \tag{3.69}$$

$$y_c(n) = \Big[\sum_{m=0}^{L-1} x(m)\sum_{r=-\infty}^{\infty} h(n-m+rL)\Big]R_L(n) = \Big[\sum_{m=0}^{L-1}\sum_{r=-\infty}^{\infty} x(m)h(n-m+rL)\Big]R_L(n)$$

$$\tag{3.70}$$

对比式(3.70)和式(3.67),可知

$$y_c(n) = \Big[\sum_{r=-\infty}^{\infty} y_l(n+rL)\Big]R_L(n) \tag{3.71}$$

从上述推导可知:$y_c(n)$ 等于 $y_l(n)$ 以 L 为周期的周期延拓序列的主值部分。由于 $y_l(n)$ 的长度为 $N+M-1$,因此为了避免时域混叠,要求延拓周期(即循环卷积)的长度 $L \geqslant N+M-1$。此时,主值序列即在区间 $[0,L-1]$ 上,必然满足 $y_c(n) = y_l(n)$。换言之,当循环卷积的长度大于或等于线性卷积输出的长度时($L \geqslant N+M-1$),循环卷积和线性卷积有相同的结果;反

之,则存在混叠。

图 3.21 说明了上述关系,假设 $N > M$,两序列线性卷积结果 $y_1(n)$ 的长度为 $N+M-1$,根据式(3.71),若对 $y_1(n)$ 以 N 为周期进行周期延拓,然后取主值 $[0,N-1]$,即可得到 $y_c(n)$。从图 3.21 可以看到,$y_c(n)$ 的前 $M-1$ 个点 $(0 \sim M-2)$ 存在混叠,只有

$$y_c(n) = y_1(n), \quad n = M-1, M, \cdots, N-1 \qquad (3.72)$$

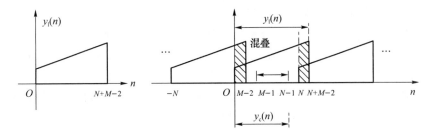

图 3.21 N 点循环卷积同线性卷积的关系

因此,为了减少时域混叠的点数,可以增加循环卷积的长度 L,当 $L \geqslant N_1 + N_2 - 1$ 时有

$$y_c(n) = y_1(n), \quad n = 0, 1, \cdots, N+M-2 \qquad (3.73)$$

该过程如果在频域实现,则可以采用图 3.22 所示的基于 DFT 和 IDFT 的计算框架。由于 DFT 和 IDFT 存在快速算法 FFT 和 IFFT,因此,上述框架所需的运算复杂度比直接计算线性卷积低很多,尤其是针对长序列计算线性卷积的情况。

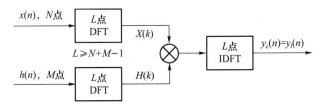

图 3.22 基于 DFT 和 IDFT 的计算框架

【例 3.8】已知两个序列:$x(n)$,$0 \leqslant n \leqslant 27$;$h(n)$,$0 \leqslant n \leqslant 9$。$X(k)$、$H(k)$ 分别是它们的 32 点 DFT。令 $y(n) = \text{IDFT}[X(k)H(k)]$,$0 \leqslant n \leqslant 31$。则:(1)$y(n)$ 中哪些点和 $x(n)$ 与 $h(n)$ 的线性卷积相同;(2)若其中的一个序列变为 $x(n)$,$10 \leqslant n \leqslant 27$,则情况又如何?

解:线性卷积的长度为 $L=37(0 \sim 36)$,循环卷积的长度为 $N=32$,将 $y(n)$ 以 32 为周期进行周期延拓取主值 $(0 \sim 31)$,如图 3.23(a)所示。线性卷积的范围为 $10 \sim 36$,仍然将 $y(n)$ 以 32 为周期进行周期延拓取主值,如 3.23(b)所示。

可见,在上述两种情况下,$y(n)$ 在区间 $[0,4]$ 上都会混叠,而在区间 $[5,31]$ 上的结果与 $x(n)$ 与 $h(n)$ 的线性卷积相同。

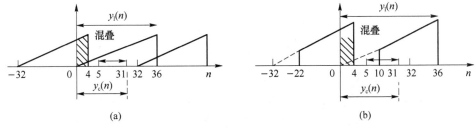

(a)　　　　　　　　　　　　(b)

图 3.23 周期延拓取主值示意图

3.5.2 线性卷积的分段计算方法——重叠相加法和重叠保留法

线性卷积的理论简单,但在实际应用中,当输入序列 $x(n)$ 和系统的单位冲激响应 $h(n)$ 的长度相差很大时,计算线性卷积将带来以下问题:

(1) 增加系统的存储压力;

(2) 计算延时增加,无法满足实时需求;

(3) 利用 FFT 计算线性卷积的效率随之降低,甚至不如直接计算。

因此,需要将较长的序列分段,使之和较短序列的长度相当,随后再进行分段卷积,重叠相加法和重叠保留法是上述思想的两种具体实践。需要指出的是,尽管重叠相加法和重叠保留法在实现细节上存在差异,但本质上是一样的,即以分段的方式通过循环卷积(实质是 DFT 的快速算法 FFT)来完成线性卷积的计算,因而运算量较小,这是 DFT 的重要应用之一。

1. 重叠相加法

假设线性时不变因果系统的输入为一个长序列 $x(n)$,长度为 N_1,系统单位冲激响应 $h(n)$ 的长度为 M,且 $N_1 \gg M$。

重叠相加法的基本思想是首先将长序列 $x(n)$ 不重叠地分成若干段等长的短序列 $x_l(n)$,随后将短序列 $x_l(n)$ 分别与 $h(n)$ 进行线性卷积,得到 $y_l(n)$(可采用 DFT 来实现),最后将 $y_l(n)$ 按顺序连接,并将重叠的部分相加。重叠相加法实质上是一种对分段线性卷积结果进行后处理的方法。

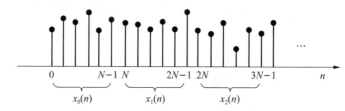

图 3.24 序列 $x(n)$ 的不重叠分段

如图 3.24 所示,对序列 $x(n)$ 进行不重叠分段,每段长度为 N。

$$x(n) = \sum_{l=0}^{\infty} x_l(n) \tag{3.74}$$

其中

$$x_l(n) = \begin{cases} x(n), & lN \leqslant n \leqslant [(l+1)N-1] \\ 0, & \text{其他} \end{cases}$$

令 $y_l(n) = x_l(n) * h(n)$,那么

$$
\begin{aligned}
y(n) = x(n) * h(n) &= \left[\sum_{l=0}^{\infty} x_l(n) \right] * h(n) \\
&= \sum_{l=0}^{\infty} x_l(n) * h(n) = \sum_{l=0}^{\infty} y_l(n)
\end{aligned} \tag{3.75}
$$

其中,$y_l(n)$ 为第 l 段输入序列与 $h(n)$ 的线性卷积结果,即

$$
\begin{aligned}
y_l(n) &= \sum_{m=0}^{\infty} x_l(m) h(n-m) \\
&= \sum_{m=lN}^{(l+1)N-1} x_l(m) h(n-m) \quad (lN \leqslant n \leqslant (l+1)N+M-2)
\end{aligned} \tag{3.76}
$$

由于 $x_l(n)$ 的长度为 $N,h(n)$ 的长度为 M,所以 $y_l(n)$ 的长度为 $N+M-1$,有效区间为 $[lN,(l+1)N+M-2]$,如图 3.25 所示。

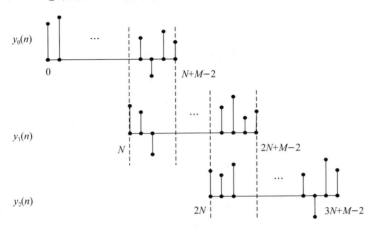

图 3.25　$y_l(n)$ 之间的关系

可见,相邻的分段卷积 $y_l(n)$ 和 $y_{l+1}(n)$ 之间存在 $M-1$ 个点重叠,即 $y_l(n)$ 末尾的 $M-1$ 个点和 $y_{l+1}(n)$ 开头的 $M-1$ 个点重叠。根据式(3.76)可知,需要把重叠部分相加才能得到正确的输出 $y(n)$,即

$$y(n)=y_l(n)+y_{l+1}(n),\quad n=(l+1)N,\cdots,(l+1)N+M-2 \tag{3.77}$$

重叠相加法也因此而得名。

为了降低运算量以提高处理效率,可以利用 $N+M-1$ 点循环卷积(转换为频域上的 DFT-IDFT 算法流程)来完成 $y_l(n)$ 的计算。

注意:长序列的分段长度不影响重叠相加法的结果,不同的分段方式得到的结果是相同的。

【例 3.9】已知线性时不变因果系统的单位冲激响应为 $h(n)=\{1,2,1\}$,当输入信号为 $x(n)=3n+2(0\leqslant n\leqslant 9)$ 时,求系统的输出 $y(n)$。(用重叠相加法实现,分段长度分别为 3 和 4。)

解:(1) 分段长度为 3 时,分 4 段后进行分段线性卷积:

$$x_1(n)=\{2,5,8\}$$

$$x_2(n)=\{11,14,17\}$$

$$x_3(n)=\{20,23,26\}$$

$$x_4(n)=\{29,0,0\}$$

$$y_1(n)=x_1(n)*h(n)=\{2,9,20,21,8\}$$

$$y_2(n)=x_2(n)*h(n)=\{11,36,56,48,17\}$$

$$y_3(n)=x_3(n)*h(n)=\{20,63,92,75,26\}$$

$$y_4(n)=x_4(n)*h(n)=\{29,58,29\}$$

$M=3$,重叠 2 个点,因此有

$$y(n) = \{2, 9, 20, 32, 44, 56, 68, 80, 92, 104, 84, 29\}。$$

（2）分段长度为 4 时，分 3 段后进行分段线性卷积：

$$x_1(n) = \{2, 5, 8, 11\}$$
$$x_2(n) = \{14, 17, 20, 23\}$$
$$x_3(n) = \{26, 29, 0, 0\}$$
$$y_1(n) = x_1(n) * h(n) = \{2, 9, 20, 32, 30, 11\}$$
$$y_2(n) = x_2(n) * h(n) = \{14, 45, 68, 80, 66, 23\}$$
$$y_3(n) = x_3(n) * h(n) = \{26, 81, 84, 29, 0, 0\}$$

$M=3$，重叠 2 个点，同样有

$$y(n) = \{2, 9, 20, 32, 44, 56, 68, 80, 92, 104, 84, 29\}。$$

2. 重叠保留法

在线性卷积的分段计算中，还有一种常用方法，即重叠保留法，它的基本思想是将长序列分段后，进行分段循环卷积，再从各循环卷积的结果中提取和线性卷积相等的部分。

重叠保留法

3.6 快速傅里叶变换及反变换

DFT 是一种被广泛应用的信号处理手段，常用于信号压缩、频谱分析等领域。DFT 能被广泛应用的一个重要原因是 DFT 具有快速算法，即快速傅里叶变换（Fast Fourier Transform，FFT）。FFT 能显著降低 DFT 的计算复杂度，提高信号分析的实用性。

由 DFT 的定义 $X(k) = \sum_{n=0}^{N-1} x(n) W_N^{nk}$，$k=0,1,\cdots,N-1$ 可知，对于每一个 $X(k)$，需要进行 N 次复数乘运算和 $N-1$ 次复数加运算，而为了获得全部的 $X(k)$，则需要进行 N^2 次复数乘法运算和 $N(N-1)$ 次复数加法运算，如表 3.3 所示。随着 N 的增大，计算量将急剧增长。例如，当 $N=1\,024$ 时，所需的复数乘法和复数加法运算的次数约为 420 万次，而当 $N=2\,048$ 时，所需的复数乘法和复数加法运算的次数将增至 1\,700 万次左右。显然，直接计算高点数的 DFT 难以满足实时处理的需求。

表 3.3 N 点 DFT 的复数乘法和复数加法次数

	复数乘法运算次数	复数加法运算次数
每一个 $X(k)$	N	$N-1$
N 个 $X(k)$（N 点 DFT）	N^2	$N(N-1)$

1965 年，James W. Cooley 和 John W. Tukey 重新审视了旋转因子 W_N^n 的周期性和对称性，在题为"An Algorithm for the Machine Calculation of Complex Fourier Series"的论文中首次提出了一种较为成熟的 DFT 的快速计算方法——FFT，由此奠定了 FFT 在数字信号处理学科中的地位。旋转因子的性质此前被人忽视，两位科学家从细微处入手，发现了 DFT 快速计算的密码，并通过严谨的推导推开了数字信号应用在频域实时处理中的大门。时至今日，尽管有多种 FFT 算法被提出来，但其核心思想是一致的，即通过迭代运算，借助

于旋转因子的周期性和对称性,用低点数的 DFT 完成高点数的 DFT 的计算,以此达到降低运算量的目的。

本节主要介绍最基本的 FFT 方法,具体包括基 2 时域抽选算法(radix-2 decimation in time)、基 2 频域抽选算法(radix-2 decimation in frequency),以及对应的反变换方法。

3.6.1 基 2 时域抽选算法(DIT-FFT)

设有限长序列 $x(n)$ 的 DFT 结果为 $X(k)$,且序列 $x(n)$ 的长度 $N=2^M$ 为偶数(若不满足则补 0),按 n 的奇偶性将序列 $x(n)$ 分成两组:

$$\begin{cases} \text{偶数组} \quad x_1(r)=x(2r) \\ \text{奇数组} \quad x_2(r)=x(2r+1) \end{cases} \tag{3.78}$$

其中 $r=0,1,\cdots,\dfrac{N}{2}-1$。并称所得序列 $x_1(r)$ 和 $x_2(r)$ 分别为偶数组子序列和奇数组子序列。由此,$X(k)$ 的计算过程可转化为

$$\begin{aligned}
X(k) &= \sum_{n=0}^{N-1} x(n)W_N^{kn} = \sum_{r=0}^{\frac{N}{2}-1} x(2r)W_N^{k(2r)} + \sum_{r=0}^{\frac{N}{2}-1} x(2r+1)W_N^{k(2r+1)} \\
&= \sum_{r=0}^{\frac{N}{2}-1} x(2r)W_{\frac{N}{2}}^{kr} + W_N^k \sum_{r=0}^{\frac{N}{2}-1} x(2r+1)W_{\frac{N}{2}}^{kr} \\
&= \sum_{r=0}^{\frac{N}{2}-1} x_1(r)W_{\frac{N}{2}}^{kr} + W_N^k \sum_{r=0}^{\frac{N}{2}-1} x_2(r)W_{\frac{N}{2}}^{kr} \\
&= X_1(k) + W_N^k X_2(k)
\end{aligned} \tag{3.79}$$

$X_1(k)$ 和 $X_2(k)\left(k=0,\cdots,\dfrac{N}{2}-1\right)$ 是 $\dfrac{N}{2}$ 点的 DFT,而在 $X(k)$ 中 k 的范围为 $0 \sim N-1$,因此,还需考虑 $\dfrac{N}{2} \sim N-1$ 的情况。在式(3.79)中将 k 用 $k+\dfrac{N}{2}$ 代替,有

$$X\left(k+\frac{N}{2}\right) = X_1\left(k+\frac{N}{2}\right) + W_N^{\left(k+\frac{N}{2}\right)} X_2\left(k+\frac{N}{2}\right) \tag{3.80}$$

其中

$$X_1\left(\frac{N}{2}+k\right) = \sum_{r=0}^{\frac{N}{2}-1} x_1(r)W_{\frac{N}{2}}^{r\left(\frac{N}{2}+k\right)} = \sum_{r=0}^{\frac{N}{2}-1} x_1(r)W_{\frac{N}{2}}^{r\frac{N}{2}} \cdot W_{\frac{N}{2}}^{rk} = \sum_{r=0}^{\frac{N}{2}-1} x_1(r)W_{\frac{N}{2}}^{rk} = X_1(k)$$

同理,有

$$X_2\left(\frac{N}{2}+k\right) = X_2(k), \quad W_N^{\left(\frac{N}{2}+k\right)} = W_N^{\frac{N}{2}} W_N^k = -W_N^k$$

因此

$$\begin{aligned}
X\left(k+\frac{N}{2}\right) &= X_1\left(k+\frac{N}{2}\right) + W_N^{\left(k+\frac{N}{2}\right)} X_2\left(k+\frac{N}{2}\right) \\
&= X_1(k) - W_N^k X_2(k)
\end{aligned} \tag{3.81}$$

最后有

$$\begin{cases} X(k) = X_1(k) + W_N^k X_2(k) \\ X\left(k+\dfrac{N}{2}\right) = X_1(k) - W_N^k X_2(k) \end{cases} \tag{3.82}$$

式(3.82)表明：整个 $X(k)$ 的计算可以分解为前、后两部分的计算。只需要求出 $X_1(k)$ 和 $X_2(k)$ 就可以通过简单的计算得到整个序列的结果。由于式(3.82)的信号流图（如图 3.26 所示）呈现蝴蝶状，因此称其为蝶形运算。显然，蝶形运算只包含一次复数乘法和两次复数加法。

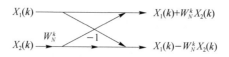

图 3.26　基 2 DIT-FFT 中的蝶形运算流图

此时，一个 N 点 DFT 的计算转化为两个 $\frac{N}{2}$ 点 DFT 的计算和一级蝶形复合运算，即首先求出序列 $x_1(r)$ 和 $x_2(r)$ 的 $\frac{N}{2}$ 点 DFT 结果 $X_1(k)$ 和 $X_2(k)$，之后通过 $\frac{N}{2}$ 个蝶形运算，将序列 $X_1(k)$ 和 $X_2(k)$ 组合为 $X(k)$（如图 3.26 所示）。因蝶形复合包含 $\frac{N}{2}$ 个蝶形运算，故需完成 $\frac{N}{2}$ 次复数乘法和 $2 \times \frac{N}{2}$ 次复数加法；此外，两个 $\frac{N}{2}$ 点 DFT 的计算包含了 $2\left(\frac{N}{2}\right)^2$ 次复数乘法和 $N\left(\frac{N}{2}-1\right)$ 次复数加法，所以共需完成 $\frac{(N+1)N}{2}$ 次复数乘法和 $2\left(\frac{N}{2}\right)^2$ 次复数加法。

与直接计算 N 点 DFT 相比，对序列进行一次奇偶分组后，由 $\frac{N}{2}$ 点 DFT 间接计算 N 点 DFT 所需的复数乘法和复数加法的次数减少近 50%。如果此分解继续下去，直到 $\frac{N}{2}$ 个 2 点的 DFT，则整体运算量将进一步降低。上述 FFT 化繁为简的推导过程诠释了大道至简的哲学内涵，即有价值的理论的思想是朴素简单的。

下面分别给出 2 点、4 点和 8 点序列的 DIT-FFT 运算流图。

1. 2 点序列 $x(n) = \{x(0), x(1)\}$ 的 FFT 运算流图

2 点序列的 DIT-FFT 运算流图如图 3.27 所示，运算过程中只有一次复数加法和一次复数减法运算。

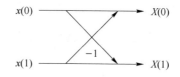

图 3.27　2 点序列的 DIT-FFT 运算流图

2. 4 点序列 $x(n) = \{x(0), x(1), x(2), x(3)\}$ 的 DIT-FFT 运算流图

由于 $N = 4 = 2^2$，因此需要进行 2 次分解组合。第一次分解将 $x(n)$ 奇偶分成 2 组——$\{x(0), x(2)\}$ 和 $\{x(1), x(3)\}$，两组分别进行 2 点 DFT 后再进行组合。将 $N = 4$ 代入式(3.82)，得

$$\begin{cases} X(k) = X_1(k) + W_4^k X_2(k) \\ X(k+2) = X_1(k) - W_4^k X_2(k) \end{cases} \tag{3.83}$$

其中 $k = 0, 1$。

第一次分解后的运算流图如图 3.28 所示。

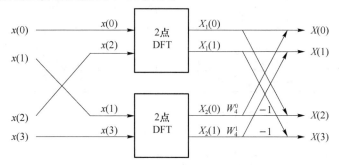

图 3.28 4 点序列 DIT-FFT 第一次分解后的运算流图

第二次分解后将 2 点序列的 FFT 的运算流图代入图 3.28，可分别求出 $X_1(k)$ 和 $X_2(k)$，并画出完整的运算流图，如图 3.29 所示。只要给定输入 $x(n)$，流图中 8 个节点的值就都能方便地计算出来。

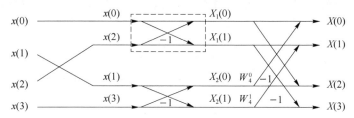

图 3.29 4 点序列 DIT-FFT 第二次分解后的运算流图

【例 3.10】利用 DIT-FFT 计算 $x(n)=\{1,2\mathrm{j},0,0\}$ 的 DFT，画出运算流图，并标出每个关键节点的值。

解：根据图 3.29，代入 $W_4^1=-\mathrm{j}$，信号流图如图 3.30 所示，图中的 1～8 为对应的关键节点。

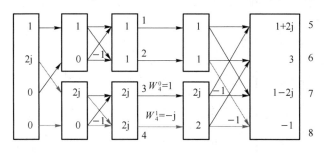

图 3.30 信号流图

3. 8 点序列的 DIT-FFT 运算流图

同理，将 $N=8$ 代入式(3.82)，有

$$\begin{cases} X(k)=X_1(k)+W_8^k X_2(k) \\ X(k+4)=X_1(k)-W_8^k X_2(k) \end{cases} \tag{3.84}$$

其中 $k=0,1,2,3$。

8 点序列的 FFT 需要进行 3 次分解，过程不再赘述，完整的 DIT-FFT 运算流图如图 3.31 所示。

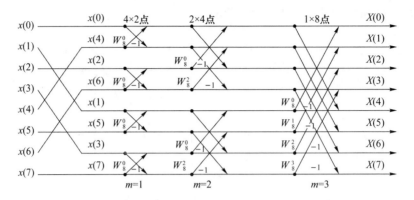

图 3.31　8 点序列的 DIT-FFT 的完整运算流图

上述过程易推广到 2^M 点序列的 DIT-FFT：借助于蝶形运算，原序列 $x(n)$ 将迭代地经过 M 次分解与组合，从而得到频域序列 $X(k)$。迭代计算的核心就是蝶形运算：将第 m 级上节点、下节点的值乘旋转因子，然后相加、相减，形成第 $m+1$ 级上、下两个节点值，这种迭代计算的基本关系如图 3.32 所示。

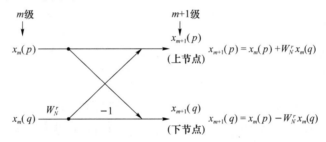

图 3.32　多级迭代运算中上、下节点的关系

【例 3.11】使用基 2 DIT-FFT 算法，计算 $x(n) = \{4, -3, 2, 0, -1, -2, 3, 1\}$ 的 8 点 DFT，画出运算流图。

解：根据图 3.31 可得图 3.33。

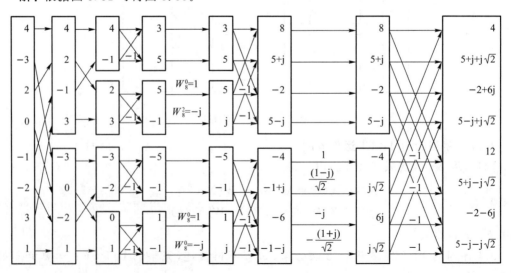

图 3.33　8 点序列 $x(n)$ 的 DIT-FFT 运算流图

4. 计算复杂度

任何一个 $N=2^M$ 点 DFT 都可以通过 M 次分解成为 $\dfrac{N}{2}$ 个 2 点 DFT，
从而完成计算。M 次分解构成了从 $x(n)$ 到 $X(k)$ 的 M 级迭代计算，每级
由 $\dfrac{N}{2}$ 个蝶形运算组成，因此，总的蝶形运算的个数为 $M\times\dfrac{N}{2}$。由于每个

8 点序列 DIF-FFT
的公式推导

蝶形运算需要一次复数乘法和 2 次复数加法，因此 M 级蝶形复合共需完成 $\dfrac{N}{2}\log_2 N$ 次复数
乘法和 $N\log_2 N$ 次复数加法。

反观 N 点 DFT 的直接计算方法，其需完成 N^2 次复数乘法和 $N(N-1)$ 次复数加法。
因此用 FFT 计算 DFT 与直接计算 DFT 相比，复数乘法次数的减少至原运算次数的 $\dfrac{\log_2 N}{2N}$
（如表 3.4 所示），而复数加法次数则减少至原次数的 $\dfrac{\log_2 N}{N-1}$。从表 3.4 可以看出，N 越大，
用 FFT 计算 DFT 的效果越为明显。例如，当 N 为 1 024 时，直接计算 DFT 所需的复数乘
法次数是用 FFT 计算 DFT 的约 205 倍。

表 3.4　两种方法所需复数乘法次数的比较

N	所需复数乘法次数		$\dfrac{M_D}{M_P}$
	直接计算 DFT(M_D)	用 FFT 计算 DFT(M_P)	
2	4	1	4.0
4	16	4	4.0
8	64	12	5.4
16	256	32	8.0
32	1 024	80	12.8
64	4 096	192	21.4
128	16 384	448	36.6
256	65 536	1 024	64.0
512	262 144	2 304	113.8
1 024	1 048 576	5 120	204.8
2 048	4 194 304	11 264	372.4

5. 码位重排

在基 2 时域抽取 FFT 算法中，通过 $M-1$ 次($N=2^M$)奇偶分组后的输入 $x(n)$ 是"混序"
排列的，但"混序"并非真的无序，其实是有规律的：将 $x(n)$ 的十进制序号($0,\cdots,N-1$)用二
进制表示，那么 DIT-FFT 的输入顺序正好是序号的"码位倒置"，即在高低位交换后，再将
二进制转成十进制时的序号，如表 3.5 所示。

表 3.5　正序和混序的变换关系

码位倒置顺序			
自然顺序	二进制表示	码位倒置	码位倒置顺序
$x(0)$	$x(000)$	$x(000)$	$x(0)$
$x(1)$	$x(001)$	$x(100)$	$x(4)$

码位倒置顺序			
自然顺序	二进制表示	码位倒置	码位倒置顺序
$x(2)$	$x(010)$	$x(010)$	$x(2)$
$x(3)$	$x(011)$	$x(110)$	$x(6)$
$x(4)$	$x(100)$	$x(001)$	$x(1)$
$x(5)$	$x(101)$	$x(101)$	$x(5)$
$x(6)$	$x(110)$	$x(011)$	$x(3)$
$x(7)$	$x(111)$	$x(111)$	$x(7)$

例如,在 $N=8=2^3$ 时,原序列 $x(n)$ 和混序序列 $x_0(n)$ 序号之间的对应关系为

$$x_0(0)=x(0), \quad x_0(1)=x(4)$$
$$x_0(2)=x(2), \quad x_0(3)=x(6)$$
$$x_0(4)=x(1), \quad x_0(5)=x(5)$$
$$x_0(6)=x(3), \quad x_0(7)=x(7)$$

因此,通过码位重排,很容易将 $\dfrac{N}{2}$ 对 2 点序列排好作为输入,即 $\{x(0),x(4)\}$、$\{x(2)$, $x(6)\}$、$\{x(1),x(5)\}$、$\{x(3),x(7)\}$。

DIT-FFT 的输入为混序序列,而输出为自然顺序(正序)的 $X(k)$。

6. 同址计算

图 3.31 给出了 $x_{m+1}(p)$、$x_{m+1}(q)$ 与 $x_m(p)$、$x_m(q)$ 的关系,即明确了 $\dfrac{N}{2}$ 个蝶形运算的输入、输出和旋转因子,同时也意味着,在基 2 时域抽选算法的运算过程中,每完成一个蝶形运算,就可将其输出保存在其输入所占用的存储单元内,即用输出覆盖输入,称此特性为同址(in-place)计算(同位计算)。同址计算能明显节省存储空间。

总之,通过逐级的蝶形运算,基 2 时域抽选算法不断地分解和组合,用低点数的 DFT 迭代地完成高点数 DFT 的计算,极大地降低了运算量,而且只占用较少的存储空间。DIT-FFT 的特点如下。

(1) 流程图中每一级的基本计算单元都是一个蝶形运算。

(2) 由于输入 $x(n)$ 按"混序"排列,因此需要对输入进行码位重排;输出 $X(k)$ 按正序排列。

(3) 在进行前、后级蝶形运算时,可以进行同址计算以减少内存消耗。

3.6.2　基 2 频域抽选算法(DIF-FFT)

基 2 时域抽选算法根据时域序号 n 的奇偶性对序列 $x(n)$ 进行分组,实际上,在频域内同样可以分组。设长度为 $N=2^M$ 的有限长序列 $x(n)$ 的 N 点 DFT 结果为 $X(k)$,基 2 频域抽选算法则按 k 的奇偶性对序列 $X(k)$ 进行分组。具体地,在 DFT 定义式中将 $x(n)$ 前、后对半分开后进行 DFT,即

$$X(k) = \sum_{n=0}^{\frac{N}{2}-1} x(n)W_N^{nk} + \sum_{n=\frac{N}{2}}^{N-1} x(n)W_N^{nk} \tag{3.85}$$

对于 $n = \dfrac{N}{2} \sim (N-1)$ 部分，令 $n = n' + \dfrac{N}{2}$，有

$$X(k) = \sum_{n=0}^{\frac{N}{2}-1} x(n) W_N^{nk} + \sum_{n'=0}^{\frac{N}{2}-1} x\left(n' + \frac{N}{2}\right) W_N^{\left(n'+\frac{N}{2}\right)k}$$

$$= \sum_{n=0}^{\frac{N}{2}-1} \left[x(n) + W_N^{\left(\frac{N}{2}\right)k} \cdot x\left(n + \frac{N}{2}\right) \right] W_N^{nk}$$

注意到

$$W_N^{\frac{N}{2}k} = (-1)^k = \begin{cases} 1, & k \text{ 为偶数} \\ -1, & k \text{ 为奇数} \end{cases}$$

因此，

$$X(k) = \sum_{n=0}^{\frac{N}{2}-1} \left[x(n) + (-1)^k x\left(n + \frac{N}{2}\right) \right] W_N^{nk} \tag{3.86}$$

式(3.86)意味着按 k 的奇偶性可将 $X(k)$ 分解为偶数组和奇数组，即

$$X(2r) = \sum_{n=0}^{\frac{N}{2}-1} \left[x(n) + x\left(n + \frac{N}{2}\right) \right] W_N^{2nr} = \sum_{n=0}^{\frac{N}{2}-1} \left[x(n) + x\left(n + \frac{N}{2}\right) \right] W_{\frac{N}{2}}^{nr} \tag{3.87}$$

以及

$$X(2r+1) = \sum_{n=0}^{\frac{N}{2}-1} \left[x(n) - x\left(n + \frac{N}{2}\right) \right] W_N^{(2r+1)n} = \sum_{n=0}^{\frac{N}{2}-1} \left[x(n) - x\left(n + \frac{N}{2}\right) \right] W_N^n W_{\frac{N}{2}}^{nr} \tag{3.88}$$

其中 $r = 0, 1, \cdots, \dfrac{N}{2} - 1$。

若令

$$\begin{cases} g(n) = x(n) + x\left(n + \dfrac{N}{2}\right) \\ h(n) = \left[x(n) - x\left(n + \dfrac{N}{2}\right) \right] W_N^n \end{cases}$$

$$\tag{3.89}$$

其中 $n = 0, 1, \cdots, \dfrac{N}{2} - 1$，则有

$$\begin{cases} X(2r) = \displaystyle\sum_{n=0}^{\frac{N}{2}-1} g(n) W_{\frac{N}{2}}^{nr} \\ X(2r+1) = \displaystyle\sum_{n=0}^{\frac{N}{2}-1} h(n) W_{\frac{N}{2}}^{nr} \end{cases} \tag{3.90}$$

式(3.89)所表示的运算关系可由图 3.34 所示的蝶形运算表示。与基 2 时域抽取算法一样，基 2 频域抽取算法的蝶形运算流图也包含一次复数乘法和两次复数加法，两者的信号流图呈转置关系，因而旋转因子 W_N^n 所处的位置不同。

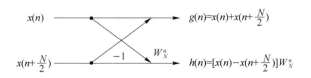

图 3.34 基 2 DIF-FFT 中的蝶形运算

与时域抽取的分解过程类似，$N=2^M$ 点的时域序列可以持续分解到第 $M-1$ 级，此时的时域序列为 $\dfrac{N}{2}$ 组且每组长度为 2，最后，在第 M 级，通过 $\dfrac{N}{2}$ 个 2 点 DFT 的组合实现 N 点 $X(k)$。需要注意的是，$X(k)$ 是 $\dfrac{N}{2}$ 个 2 点 DFT 逐次按照频率抽取的结果，因而是"混序"排列的。仍以 $N=8$ 为例，首先根据图 3.34 所示的蝶形运算流图，将 8 点时域序列 $x(n)$ 复合为两组 4 点子序列 $g(n)$ 和 $h(n)$，然后分别进行 4 点 DFT，得到 $X(k)$ 的偶数组 $X(2k)$ 和奇数组 $X(2k+1)$，其中 $k=0,1,2,3$。此为基 2 DIF-FFT 的第一次分解结果，如图 3.35 所示。

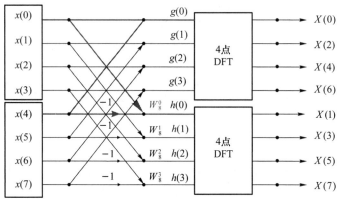

图 3.35 $N=8$ 基 2 DIF-FFT 的第一次分解

由于 $\dfrac{N}{2}$ 仍为偶数，因此可以将每个 $\dfrac{N}{2}$ 点序列再次根据图 3.36 分解为 2 个 $\dfrac{N}{4}$ 点序列。

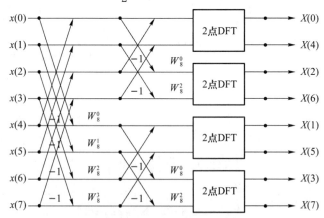

图 3.36 $N=8$ 基 2 DIF-FFT 的第二次分解

该过程持续进行，直至分解到第 $M-1$ 级，然后在第 M 级进行 2 点 DFT。$\dfrac{N}{2}$ 个 2 点 DFT 的输出即逐次按照频域取样的"混序"排列的 $X(k)$。$N=8$ 时基 2 DIF-FFT 的完整信号流图如图 3.37 所示。

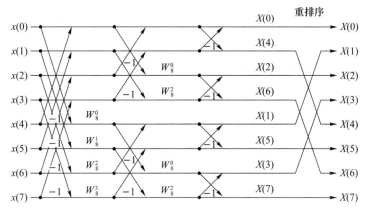

图 3.37　$N=8$ 的基 2 DIF-FFT 的完整运算流图

对比基 2 时域抽选算法的运算流图和频域抽选算法的运算流图,不难发现,两个信号流图之间互为转置关系。即图 3.31 所示的运算流图中的输出改为输入,输入改为输出,同时,将其所有支路反向,保持所有支路的增益不变,即可得到由图 3.37 所示的频域抽取流图。

图 3.38 展示了基 2 DIT-FFT 和基 2 DIF-FFT 的运算流图所体现的对称美。信号流图间呈转置关系,两者显然具有相同的运算量,即共需完成 $\dfrac{N}{2}\log_2 N$ 次复数乘法和 $N\log_2 N$ 次复数加法,也就是说,所需复数乘法次数减少至原运算次数的 $\dfrac{\log_2 N}{2N}$,而所需复数加法次数则减少至原次数的 $\dfrac{\log_2 N}{N-1}$。两者异同的总结如表 3.6 所示。

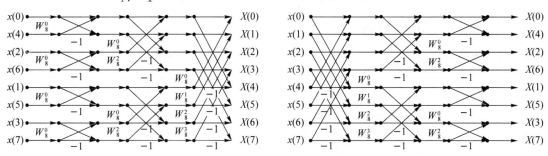

图 3.38　运算流图中的对称美

表 3.6　**基 2 DIT-FFT 和基 2 DIF-FFT 的异同**$(N=2^M)$

异同		基 2 DIT-FFT	基 2 DIF-FFT
相同	蝶形流图个数	$M\dfrac{N}{2}$	$M\dfrac{N}{2}$
	复数乘法次数	$M\dfrac{N}{2}$	$M\dfrac{N}{2}$
	复数加法次数	MN	MN
不同	输入	混序	正序
	输出	正序	混序

由上述分析可知,时域抽选算法和频域抽选算法之间有着明确的对应关系,或者说,从某一个特定的时域抽选算法出发,可以直接获得具有相似特点的频域抽选算法,反之亦然。

3.6.3 IDFT 的快速计算方法——IFFT

由 DFT 变换对的定义可知,IDFT 与 DFT 具有相似的运算结构,这不仅决定了其性质呈现对偶的特点,还意味着可以借助于 FFT 算法得到 IFFT 算法。

比较 IDFT 及 DFT 的定义:

$$x(n) = \frac{1}{N} \sum_{k=0}^{N-1} X(k) W_N^{-nk}, \quad n = 0,1,\cdots,N-1$$

$$X(k) = \sum_{n=0}^{N-1} x(n) W_N^{nk}, \quad k = 0,1,\cdots,N-1$$

显然,IDFT 与 DFT 的差异仅仅表现在下述两个方面:

(1) IDFT 多了一个比例因子 $\frac{1}{N}$;

(2) W_N^{-nk} 取代了 W_N^{nk}。

由于 W_N^{-nk} 和 W_N^{nk} 具有相似的性质,因此 FFT 算法中的分组方式、排序方式以及蝶形运算结构都可用于 IFFT 算法的设计。具体来说,在原 FFT 运算流图中,只要将输入、输出的位置交换,每个系数 W_N^{nk} 换成 W_N^{-nk},并且在最后一级乘上比例因子 $\frac{1}{N}$,就可以实现 IFFT。

1. DIF-IFFT 和 DIT-IFFT

将 DIT-FFT 运算流图中的 W_N^{nk} 换成 W_N^{-nk},在最后一级乘上因子 $\frac{1}{N}$,就能得到图 3.39 所示的运算流图。但要注意的是,由于输入是频域序列 $X(k)$,此时需将 $X(k)$ 奇偶分组,因此得到的是按频域抽取的 IFFT(DIF-IFFT)运算流图,意味着输入 $X(k)$ 为"混序"排列,输入 $x(n)$ 为正序排列。

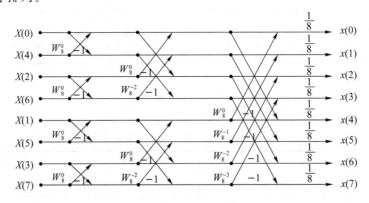

图 3.39 $N=8$ 时基 2 DIF-IFFT 运算流图

同理,如果由 DIF-FFT 转变为 IFFT 时,得到的是按时域抽选的 IFFT(DIT-IFFT),此时,输入 $X(k)$ 为自然顺序,输出 $x(n)$ 为混序排列,需要进行重排序。

2. 用共轭法求 IDFT 的过程

除了上述经典的 IFFT 算法之外,根据 IDFT 的定义还可以推导出一种快速计算方法,即共轭法:

$$x(n) = \frac{1}{N}\Big[\sum_{k=0}^{N-1} X^*(k)W_N^{nk}\Big]^* = \frac{1}{N}(\mathrm{DFT}\{X^*(k)\})^* \tag{3.91}$$

因此,借助于 DFT 很容易完成 IDFT 的计算,主要步骤如下:

(1) 对 $X(k)$ 取共轭以得到 $X^*(k)$;

(2) 利用已有的 FFT 算法完成 $X^*(k)$ 的 DFT 变换;

(3) 将 $X^*(k)$ 的 DFT 变换结果乘比例因子 $\frac{1}{N}$ 以求出 $x(n)$;

用共轭法求 IDFT 的流程如图 3.40 所示。

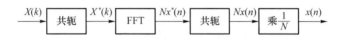

图 3.40 用共轭法求 IDFT 的流程

3.7 快速傅里叶变换的典型应用

本节将主要介绍 FFT 算法的一些典型应用,特别是借助 FFT 实现信号的频谱分析,并给出一些重要的结论。

3.7.1 实序列的 DFT 计算

实际应用中的离散序列大多数是实序列,前文介绍的 FFT 算法中的乘法和加法都是针对复数进行的,即便序列为实序列也按照复数运算的方式进行。因此,利用 DFT 的对称性,可以进一步提高 FFT 的计算效率。

1. 通过一次 N 点复序列的 FFT 同时计算两个 N 点实序列的 DFT

设 $x_1(n)$ 和 $x_2(n)$ 均为长度为 N 的实序列,且 $X_1(k)$ 和 $X_2(k)$ 表示对应的 N 点 DFT。用一次 N 点 FFT 同时计算 $X_1(k)$ 和 $X_2(k)$,步骤如下。

步骤 1:构造一个 N 点复序列 $x_3(n)$,让 $x_3(n)=x_1(n)+\mathrm{j}x_2(n)$。

步骤 2:计算 $x_3(n)$ 的 N 点 FFT,得到频域序列 $X_3(k)=\mathrm{FFT}[x_3(n)]$。

步骤 3:根据 DFT 的线性性质,得 $X_3(k)=X_1(k)+\mathrm{j}X_2(k)$。

步骤 4:$x_1(n)$ 是 $x_3(n)$ 的实部,$x_2(n)$ 为 $x_3(n)$ 的虚部,根据 DFT 的对称性,有

$$\begin{cases} X_1(k)=X_{3e}(k)=\dfrac{1}{2}\big[X_3(k)+X_3^*(N-k)\big] \\[2mm] X_2(k)=X_{3o}(k)=\dfrac{1}{2\mathrm{j}}\big[X_3(k)-X_3^*(N-k)\big] \end{cases}$$

这样,利用一次 N 点复序列的 FFT 就能同时获得两个 N 点实序列的 DFT,从而节省近一半的计算量。

2. 用 N 点复序列的 FFT 计算 2N 点实序列的 DFT

该方法的基本思路是先将 2N 点实序列奇偶分组后,构造成一个 N 点复序列,然后利用对称性分别计算出其奇数组和偶数组的 N 点 DFT,最后利用 DIT-FFT 算法计算出 2N 点 DFT。

步骤 1:设 $x(n)$ 为 2N 点实序列,根据 n 把 $x(n)$ 奇偶分组成两个 N 点实序列:

$$\begin{cases} h(n)=x(2r) \\ g(n)=x(2r+1) \end{cases}$$

其中,$r=0,1,\cdots,N-1$,因此有

$$\begin{cases} X(k)=H(k)+W_{2N}^k G(k) \\ X(k+N)=H(k)-W_{2N}^k G(k) \end{cases} \tag{3.92}$$

其中,$k=0,1,\cdots,N-1$。

步骤 2:实序列 $h(n)$ 和 $g(n)$ 的 DFT〔即 $H(k)$ 和 $G(k)$〕可利用前面的方法进行一次 N 点复序列的 DFT 同时获得,再按照式(3.92)的蝶形运算就能得到 2N 点实序列 $x(n)$ 的 DFT,这比直接计算 2N 点 DFT 要节省一半以上的时间。

【例 3.12】一个 8 点序列为 $x(n)=\{1,2,0,1,2,2,1,1\}$ $(n=0,1,\cdots,7)$。试用 1 次 4 点 DIT-FFT 计算该序列的 DFT,要求画出计算 4 点 FFT 的流图,需标注旋转因子和每个节点的值。

解:
$$x_1(n)=x(2n),n=0,1,2,3$$
$$x_2(n)=x(2n+1),n=0,1,2,3$$
$$x_3(n)=x_1(n)+jx_2(n),n=0,1,2,3$$
$$x_3(n)=\{1+2j,j,2+2j,1+j\},n=0,1,2,3$$

利用 DIT-FFT 计算 $X_3(k)$,如图 3.41 所示。

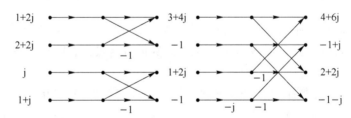

图 3.41 利用 DIT-FFT 计算 $X_3(k)$ 的示意图

由 DFT 的共轭对称性可知,

$$x_1(n)=\text{Re}[x_3(n)]$$
$$x_2(n)=\text{Im}[x_3(n)]$$

故

$$X_1(k)=\frac{X_3(k)+X_3^*(4-k)}{2}$$

$$X_2(k)=\frac{X_3(k)-X_3^*(4-k)}{2j}$$

因为

$$X_3(k)=\{4+6j,-1+j,2+2j,-1-j\}$$

$$X_3(4-k)=\{4-6{\rm j},-1+{\rm j},2-2{\rm j},-1-{\rm j}\}$$

所以

$$X_1(k)=\{4,-1+{\rm j},2,-1-{\rm j}\}, \quad k=0,1,2,3$$
$$X_2(k)=\{6,0,2,0\}, \quad k=0,1,2,3$$

又因为

$$X(k)=X_1(k)+W_8^k X_2(k), \quad k=0,1,2,3$$
$$X(k+4)=X_1(k)-W_8^k X_2(k), \quad k=0,1,2,3$$

所以

$$X(k)=\{10,-1+{\rm j},2-2{\rm j},-1-{\rm j},-2,-1+{\rm j},2+2{\rm j},-1-{\rm j}\}, \quad k=0,1,\cdots,7$$

3.7.2 信号的频谱分析

频谱分析是数字信号处理中的核心内容之一。要分析某序列的频域特征,理论上是通过 DTFT 来分析,而工程上则是采用 FFT 去讨论某序列的幅频特性和相频特性。

但需说明的是,尽管 DFT 有严格的定义且物理含义明确,但 DFT 只适用于有限长序列。也就是说,对于有限长序列的频谱分析,可以利用 DFT 取代 DTFT。然而,当应用 DFT 探讨具有无限时长(或特别长)的时域序列的频域特征时,往往会存在误差,此时的 DFT 结果只能是对 DTFT 结果的一种近似,近似常常表现为频谱混叠、频谱泄漏、栅栏效应等。

本节将主要介绍利用 FFT 进行信号频谱分析的一般方法,并将具体分析导致误差的各种原因,同时给出常用的改进措施。

信号的频谱分析从信号的输入到输出通常包括图 3.42 所示的几个阶段:输入模拟带限信号,信号经过取样后得到序列,截取一定长度的序列进行 DFT,然后分别观察其幅度谱和相位谱,并得出结论。

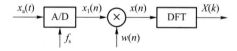

图 3.42 信号的频谱分析流程图

令 $x_{\rm a}(t)$ 为待分析的模拟信号,同时假设其傅里叶变换为 $X_{\rm a}({\rm j}\Omega)$。频谱分析的目的是在数字化 $x_{\rm a}(t)$ 后,利用 DFT 求其频谱 $X(k)$(频域上的一个有限长序列),并让 $X(k)$ 尽可能逼近 $X_{\rm a}({\rm j}\Omega)$。

在多数实际情况下,$x_{\rm a}(t)$ 的情况复杂,其函数表达式未知,因此无法求出其傅里叶变换 $X_{\rm a}({\rm j}\Omega)$。因此,先将其数字化,然后利用 DFT 观察该信号在频域上的特征,以便进行后续操作。

具体步骤如下。

(1) 对 $x_{\rm a}(t)$ 时域取样,设取样周期为 T,即

$$\hat{x}_{\rm a}(t) = x_{\rm a}(t) \times \sum_{n=-\infty}^{\infty} \delta(t-nT) = \sum_{n=-\infty}^{\infty} x_{\rm a}(nT)\delta(t-nT)$$

根据时域取样定理可知,$\hat{x}_{\rm a}(t)$ 的傅里叶变换 $\hat{x}_{\rm a}({\rm j}\Omega)$ 为原模拟信号傅里叶变换 $X_{\rm a}({\rm j}\Omega)$ 的周

期延拓,即

$$\hat{X}_a(j\Omega) = \frac{1}{T}\sum_{n=-\infty}^{\infty} X_a[j(\Omega - n\Omega_s)], \quad \Omega_s = \frac{2\pi}{T}$$

$\hat{X}_a(j\Omega)$ 是周期为取样频率 Ω_s 的周期函数。为避免频谱混叠,$x_a(t)$ 应为限带信号且取样频率 Ω_s 满足奈奎斯特频率。在上述条件下,如果忽略比例因子 $\frac{1}{T}$,一个周期内的 $\hat{X}_a(j\Omega)$ 就是 $X_a(j\Omega)$。

另外,在定义 DTFT 时存在如下关系:

$$x_1(n) = x_a(nT) \Rightarrow X_1(e^{j\omega}) = \text{DTFT}\{x_1(n)\} = \hat{X}_a(j\Omega)\Big|_{\Omega = \frac{\omega}{T}}$$

上式说明了模拟域的频谱能被数字域的频谱表示,以及需满足的约束条件,这些条件将在第 4 章中的冲激响应不变法中进行讨论。

因此,利用 DFT(FFT)进行频谱分析的一个前提是利用 $X(k)$ 能有效表示 $X_1(e^{j\omega})$。

(2) 对 $x_1(n)$ 加窗截短构造有限长序列 $x(n)$,并利用 DTFT 求其频谱 $X(e^{j\omega})$,即

$$x(n) = x_1(n) \times w_M(n)$$

$$X(e^{j\omega}) = \text{DTFT}\{x(n)\} = \frac{1}{2\pi}\left[X_1(e^{j\omega}) * W_M(e^{j\omega})\right]$$

其中,$w_M(n)$ 是长度为 M 的窗函数,而 $W_M(e^{j\omega})$ 为其 DTFT。加窗后 $x(n)$ 的长度为 M。

在上述加窗过程中,窗函数的选择多种多样,矩形窗〔即 $R_N(n)$〕是最简单的一种,第 5 章将详细讨论不同窗函数对频谱的影响。

我们知道,在时域上对 $x_1(n)$ 加窗截短(与窗函数时域相乘)将导致频域上 $X_1(e^{j\omega})$ 和 $W_M(e^{j\omega})$ 的线性卷积,其卷积结果 $X(e^{j\omega})$ 必然有别于 $X_1(e^{j\omega})$。这也意味着,一个周期内的 $X(e^{j\omega})$ 与 $X_a(j\Omega)$ 存在偏差。

DFT 只能针对有限长序列进行,时域上加窗带来的频谱偏差将不可避免,因此如何降低偏差是另一个值得讨论的问题。

(3) 对 $x(n)$ 作 N 点 DFT 变换($N \geqslant M$)以获得 $X(k)$,并由此离散谱近似地表示 $X_a(j\Omega)$ 所具有的特征,即

$$x_2(n) = \begin{cases} x(n), & n = 0,1,\cdots,M-1 \\ 0, & n = M,\cdots,N-1 \end{cases}$$

$$X(k) = \text{DFT}\{x_2(n)\} = \sum_{n=0}^{N-1} x_2(n) W_N^{nk}$$

频域取样定理已强调,由于 $X(k)$ 是对 $X(e^{j\omega})$ 频域取样$\left(\text{间隔为}\frac{2\pi}{N}\right)$后截取一个周期的结果,因此,对 $X(k)$ 求反变换所获得的序列是原序列在时域上的周期延拓的主值序列,周期即频域取样的点数 N。因此,为了避免时域混叠带来的误差,需要 $N \geqslant M$。

1. 栅栏效应

让 N 较大的一个目的是为了克服 DFT 固有的栅栏效应:有限长序列(在频域上也是等长的离散序列)的 DFT 结果只能反映有限个离散频率点的频率特征,无法展示取样点之间的细节以及 DTFT 的全貌。这就如同隔着窗户栏看风景,所见只是未被窗户栏遮挡的景色。其后果是,如果重要信息恰好位于取样点之间,则会因频率分辨率不够而不能准确分析。

为了解决这一问题,可以通过频域内插方法,利用有限个 $X(k)$ 重建 DTFT,从而获得所有频率点的频率响应。但频域内插的缺陷在于运算量太大,因此最便捷的方法是提高 DFT 的点数,从而更为全面地了解信号的频谱特征。

2. 高密度频谱和高分辨率频谱

需要指出的是,提高 DFT 点数的方式有两种。第一种方式是在短序列 $x_1(n)$ 后补 0,生成长序列 $x_2(n)$(即不增加有效信息的长度),然后进行 DFT。这种方式虽然提高了 DFT 的点数,在一定程度上可以改善栅栏效应,但由于序列 $x_2(n)$ 并未包含更多的有关原信号 $x_a(t)$〔假设 $x_1(n)$ 由 $x_a(t)$ 取样产生〕的内容,因而这一方式只能获得高密度频谱(即获得原本就存在但未显示出来的频率点的值,相当于滑动窗户栏,看见原本就存在的风景),可以提高谱线的显示分辨率,但这种方式不能提高频谱的真实分辨率,即不能提高准确分辨信号频率的水平。第二种方式是不补 0,直接截取更长的序列进行 DFT。由于有效信息的长度增加了,因而能够从频域上分辨更多细节,从而提高频谱的真实分辨率。下面我们通过例 3.13 进一步说明。

【例 3.13】 已知序列 $x(n) = \cos 0.98\pi n + \cos 1.02\pi n$,比较以下 4 种情况的 DFT。

(1) 从 $n=0$ 开始取 8 个点,然后计算 DFT;

(2) 在 8 点序列后补 8 个 0,然后计算 16 点 DFT;

(3) 在 8 点序列后补 72 个 0,然后计算 80 点 DFT;

(4) 从 $n=0$ 开始取 80 个点,然后计算 DFT。

解: 图 3.43(a)分别显示了上述 4 种情况的时域波形以及对应的 DFT 幅度波形,图左侧从上到下分别为 8 点序列的时域波形,补 8 个 0、补 72 个 0 后生成序列的时域波形,80 点序列的时域波形,图右侧为对应的 DFT 幅度波形。原序列由 2 个单频余弦序列复合而成,对应的数字角频率在 π 的两侧,而且很相近,分别是 $\omega_1 = 0.98\pi$ 和 $\omega_2 = 1.02\pi$。

对例 3.13 进行分析后可以了解如下内容。

(1) 8 点序列的 DFT 的幅度在 π 处有一个峰值,补 0 后(无论是补 8 个 0 还是补 72 个 0)只能在 π 处获得一个峰值$\left(\text{即利用 } \omega = \dfrac{2\pi k}{N} = \pi \text{ 可分别计算出当 } N=8, k=4, N=16, k=8, \text{以}\right.$ 及 $\left. N=80, k=40\right)$。这说明补 0 操作尽管能提高谱线的显示分辨率,但并不能分辨出原序列的两个角频率。事实上,由 DTFT 的定义可知,8 点序列的 DTFT、补 8 个 0 以及补 72 个 0 后生成的序列的 DTFT 是完全一样的,其幅频特性均如图 3.43(b)所示。显然,上述 3 种序列的 DFT 是在图 3.43(b)中等间隔取 8 点、16 点和 80 点的结果。随着点数的增加,显示分辨率提高了。但由于 8 点序列的 DTFT 本身缺少信息而不能区分两个角频率,因此在这种情况下,再怎么提高频域取样点数也不能提高频谱分辨率。

(2) 当截取的有效序列长度从 8 点扩展到 80 点后,从其 DFT 幅度波形上能够比较清晰地分辨出原序列包括的两个角频率。如图 3.43(c)所示,在 $k=39$ 和 $k=41$ 处分别出现了两个峰值,且分别对应 $\omega_1' = \dfrac{2\pi k}{N} = \dfrac{2\pi}{80} \times 39 = 0.985\pi$ 和 $\omega_2' = \dfrac{2\pi k}{N} = \dfrac{2\pi}{80} \times 41 = 1.025\pi$,这与信号的真实角频率很接近了。

(3) 上述结果表明,补 0 操作只能增加谱线的密度,即提高显示分辨率,但不能真正改善频谱分辨率。只有提高序列的有效长度才能获得更多细节。或者说,由于可以分辨的最小频率间隔减小了,因此频谱分辨率得到提升,可获得高分辨率频谱。

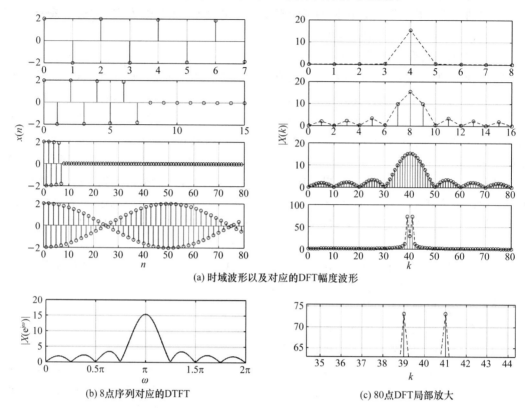

(a) 时域波形以及对应的DFT幅度波形

(b) 8点序列对应的DTFT

(c) 80点DFT局部放大

图 3.43　序列的 DFT 和 DTFT 比较

3. 频率分辨率

设序列 $x(n)$ 的长度为 N,时域取样间隔(周期)为 T,$X(k)$ 为其 N 点 DFT。从数字角频率与模拟角频率之间的关系可知

$$\omega = T\Omega = T \cdot 2\pi f = \frac{2\pi k}{N} \Rightarrow f = \frac{k}{NT} = \frac{f_s k}{N}$$

因此,任意相邻的第 $k+1$ 个和第 k 个频域取样点之间的频率间隔为

$$\Delta f = \frac{1}{2\pi T}\left(\frac{2\pi(k+1)}{N} - \frac{2\pi k}{N}\right) = \frac{1}{NT} = \frac{f_s}{N} \tag{3.93}$$

称 Δf 为频率分辨率,表示在利用 DFT 进行频谱分析时,能准确分析到的最小频率间隔。

根据对例 3.13 进行分析可知,序列的补 0 操作可以提高谱线的显示密度,但不能减少可分辨的频率间隔,其频率分辨率仍为

$$\text{频率分辨率} = \frac{f_s}{\text{时域有效序列的长度}}$$

总之,利用 DFT 分析信号的频谱时,先要截取一个有限长序列,随后用该序列的 DFT 结果〔即该序列的离散谱 $X(k)$〕来表示序列的真实频谱——$X(e^{j\omega})$,对应模拟域即原信号的 $X_a(j\Omega)$。

因此,利用 DFT 进行频谱分析只是对原信号频谱 $X_a(j\Omega)$ 的近似:$X(k)$ 与模拟角频率 $\Omega_k = \frac{2\pi k}{NT}$ 处的 $X_a(j\Omega)$ 存在偏差。造成这一现象的原因主要体现在以下两个方面。

（1）频谱混叠

由第 2 章的讨论可知，在进行时域取样的过程中，如果信号不满足时域取样定理的两个约束条件——不具备限带的特征以及取样角频率 Ω_s 低于奈奎斯特频率，则 $\hat{X}_a(j\Omega)$ 必定存在混叠，从而导致 $X(k)$ 和 $X_a\left(j\dfrac{2\pi k}{NT}\right)$ 的偏差。此外，时域的加窗截短在频域上反映为线性卷积，这将进一步导致频谱泄漏。

（2）频谱泄漏

将序列和长度固定的窗函数相乘即可完成截短操作。由于窗函数时域长度有限，其频谱中包含了较丰富的高频成分。以矩形窗为例，如图 3.44 所示，图 3.44（a）为时域波形，图 3.44（b）为其幅度谱，幅度谱中存在很多非 0 高频分量。因此，虽然 $x_a(t)$ 为限带信号且取样频率满足奈奎斯特条件，但是在 $X_1(e^{j\omega})$ 和 $W_M(e^{j\omega})$ 线性卷积后的结果 $X(e^{j\omega})$ 中，必定会出现一些非 0 高频成分，使得数字域的频谱 $X(e^{j\Omega T})$ 不但在取值上与模拟域频谱 $X_a(j\Omega)$ 有所差异，而且频带范围被展宽，出现"拖尾"现象，这就是频谱泄漏。频谱泄漏是时域加窗导致的一个必然结果。

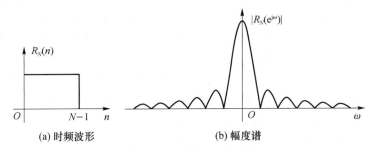

图 3.44　矩形窗的时频波形及其幅度谱

图 3.45（a）的上、下分别为 sinc 函数和加窗截短后的波形。图 3.45（b）展示了理想 sinc 函数的频谱（门函数）和频谱泄漏：时域截短后，在频域上将和矩形窗的频谱进行线性卷积，

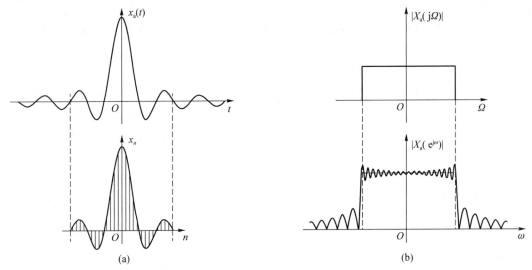

图 3.45　sinc 函数的加窗处理与频谱泄漏

频率范围明显被展宽。

需要指出的是,受限于 DFT(FFT)只适用于有限时长序列,因此,利用 DFT(FFT)进行频谱分析时,时域加窗处理是一个必不可少的环节,这必然导致最终的分析结果中包含由频谱泄漏带来的误差,这是利用 DFT(FFT)进行频谱分析的一个固有缺陷。

虽然不能完全消除误差,但如何减小这一误差的影响呢? 最直接的策略是增大窗函数的长度,以使得获取的有限长序列中包含更多的 $x_a(t)$ 的内容,从而在一定程度上提高频谱分析的准确程度。但由于窗函数的长度不能无限增加,因此这种策略带来的好处有限。

此外,我们注意到降低窗函数频谱 $W_M(e^{j\omega})$ 中的高频分量能抑制频域卷积导致的频谱泄漏,因此选用对高频分量抑制较好的窗函数能起到更明显的效果。在后续第 5 章 FIR 滤波器的设计中将详细讨论此类方法。

关于时域取样和加窗的顺序还存在一个有意思的现象:先进行时域取样再在数字域加窗截短〔序列乘窗序列 $w(n)$〕和先在模拟域加窗截短〔模拟信号乘窗函数 $w(t)$〕再进行时域取样所得到的有限长序列是完全相同的。可见,无论采用哪种顺序都会导致频谱泄漏,而频谱泄露必然会导致频域混叠。因此,正如时域取样定理中所表述的那样,对于一个线性时不变数字系统,在取样前加一个低通滤波器(抗混叠滤波器)和满足奈奎斯特条件对提高频谱分析结果的精度,都起着重要的作用。

综上,由于 DFT 自身存在局限(仅针对有限长序列而定义),用 DFT 进行频谱分析时,其结果必然会受到频谱泄漏、频谱混叠等众多因素的影响,因此需要采用前置滤波、调整取样频率、改变窗函数的形状以及扩大窗函数的长度等措施来改进性能。

需要指出,频域混叠并非只在应用 DFT(FFT)分析信号频谱时才有,即使利用 DTFT 也需要控制因频域混叠所导致的误差〔数字域频谱 $X(e^{j\omega})$ 与模拟域频谱 $X_a(j\Omega)$ 也存在差异〕。

4. 对频谱分析的进一步讨论

频谱分析能够获得信号的所有频域特征,因此可以进行滤波、增强、特征表示等进一步操作。例如,对于一段混杂在高斯白噪声中的音乐,如果在时域直接进行噪声过滤则不容易实现,但将其通过 DFT 变换到频域后,白噪声和有效信号的频率分布就变得有规律了,因此可以针对性地设计滤波器进行噪声过滤。

(1) 周期与频谱分析的关系

结论 1:对周期余弦/正弦序列 $x(n)$ 进行频谱分析时,当 DFT 的长度 M 为序列的周期 N 的整数倍时($M=rN,r=1,2,\cdots$),在区间 $[0,\pi]$ 以及 $[\pi,2\pi]$ 分别能获得唯一的一根非 0 谱线〔$X(k),k=0,\cdots,M-1$,有 2 个非 0 值,即对称的双峰〕,且能精准反映信号的频率 $\omega_k=\frac{2\pi k}{M}$,并由此获得对应的序号 $k=\frac{M\omega_k}{2\pi}$ 以及对称的序号 $M-k$。

结论 2:周期指数序列的频谱 $X(k)$ 在区间 $[0,2\pi]$ 只有一个非 0 值,且幅度是周期余弦/正弦序列的 2 倍,信号频率对应的序号为 $k=\frac{M\omega_k}{2\pi}$。

结论 3:非周期序列的频谱 $X(k)$ 在区间 $[0,2\pi]$ 有多个非 0 值。

考虑到因果系统的输入信号通常可以分解成正弦、余弦或指数等序列的组合,这里分别用指数序列和余弦序列证明上述结论,并举例分析。

证明 1：设周期指数序列 $x(n)=A\mathrm{e}^{\mathrm{j}\omega_0 n}$ 的周期为 N，下面计算其 M 点 DFT。

因为序列周期为 N，则有 $\dfrac{2\pi}{\omega_0}=\dfrac{N}{m}$，所以 $\omega_0=\dfrac{2\pi m}{N}$，对求 M 点 DFT，即

$$X(k)=\sum_{n=0}^{M-1}A\mathrm{e}^{\mathrm{j}\omega_0 n}\mathrm{e}^{-\mathrm{j}\frac{2\pi}{M}nk}=A\sum_{n=0}^{M-1}\mathrm{e}^{\mathrm{j}\frac{2\pi mn}{N}}\mathrm{e}^{-\mathrm{j}\frac{2\pi}{M}nk}$$

$$=A\sum_{n=0}^{M-1}\mathrm{e}^{\mathrm{j}2\pi n\left(\frac{m}{N}-\frac{k}{M}\right)}=A\sum_{n=0}^{M-1}\mathrm{e}^{\mathrm{j}\frac{2\pi n}{M}\left(\frac{mM}{N}-k\right)}$$

当 $\dfrac{mM}{N}-k=0$，即 $k=\dfrac{mM}{N}$ 时 $X(k)\neq 0$，其余为 0。

因此，当 $M=rN(r=1,2,\cdots)$ 为周期的整数倍时，即在 $k=mr$ 时，$X(mr)\neq 0$，此时

$$|X(k)|=A\cdot M \tag{3.94}$$

证明 2：设周期余弦序列 $x(n)=A\cos\omega_0 n$ 的周期为 N，下面计算其 M 点 DFT。

$$x(n)=A\cos\omega_0 n=\frac{A}{2}(\mathrm{e}^{\mathrm{j}\omega_0 n}+\mathrm{e}^{-\mathrm{j}\omega_0 n})$$

对于第一部分指数序列 $\mathrm{e}^{\mathrm{j}\omega_0 n}$ 直接运用式(3.94)的结论，即当 $k=mr$ 时，$X(mr)\neq 0$。而对于第二部分 $\mathrm{e}^{-\mathrm{j}\omega_0 n}$ 的 M 点 DFT，则有

$$X_2(k)=\sum_{n=0}^{M-1}\mathrm{e}^{\mathrm{j}2\pi n\left(\frac{-mM-kN}{N}\right)}$$

由于 $k=0,1\cdots M-1$，当 $k=-\dfrac{mM}{N}$ 时，

$$k=\left(\left(-\frac{mM}{N}\right)\right)_M=\frac{(N-m)M}{N}$$

因此，在 $k=mr$ 和 $(N-m)r$ 时，$X(k)\neq 0$，此时

$$|X(k)|=\frac{A}{2}\cdot M \tag{3.95}$$

满足式(3.95)的余弦序列的频谱为对称双峰，且幅度为指数序列的一半。

由此可见，由于 $x(n)$ 和 $X(k)$ 隐藏着周期性，因此数字周期对于准确分析序列的频谱特性发挥着重要作用，对上述结论的理解有助于认识信号的谱特征。

【**例 3.14**】以取样频率 256 Hz 对信号 $x(t)=\sin 120\pi t$ 取样，得到离散信号 $x(n)$，分别计算 $N_1=128$ 点以及 $N_2=130$ 点的 DFT，并进行比较分析。

解：数字序列：

$$x(n)=\sin\frac{120\pi n}{256}$$

数字周期：

$$M=\frac{2\pi}{\omega}=\frac{64}{15}\rightarrow 64$$

对上述序列分别进行 $N_1=128$ 和 $N_2=130$ 点 DFT，其幅度谱如图 3.46 所示，可以观察到如下内容。

第一，128 是周期 64 的整数倍(2 倍)，从图 3.46 来看，128 点 DFT 的幅度谱中只有 2 个非 0 值(尖峰)，且两者是对称的(k 在 $[0,63]$ 和 $[64,127]$ 内各有一个非 0 值)，非 0 谱线对应的 k 值就对应着正弦序列的真实频率。

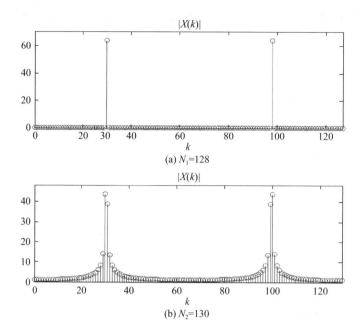

图 3.46 $N_1 = 128$ 和 $N_2 = 130$ 的 $|X(k)|$

第二,130 不是数字周期 64 的整数倍,其频谱表现为尖锋被展宽但幅度变小了,产生了频谱泄露现象。

为什么 N 的些许不同($N_1 = 128$ 和 $N_2 = 130$)就会引起频谱的明显差异呢? 以 $N_1 = 128$ 为例推导 $X(k)$。

$$
\begin{aligned}
X(k) &= \sum_{n=0}^{N-1} x(n) W_N^{kn} = \sum_{n=0}^{128-1} \sin\left(\frac{2\pi \times 60 n}{256}\right) \mathrm{e}^{-\mathrm{j}\frac{2\pi nk}{128}} \\
&= \frac{1}{2\mathrm{j}} \sum_{n=0}^{128-1} \left[\mathrm{e}^{\mathrm{j}\frac{2\pi \times 60 n}{256}} - \mathrm{e}^{-\mathrm{j}\frac{2\pi \times 60 n}{256}} \right] \mathrm{e}^{-\mathrm{j}\frac{2\pi nk}{128}} = \frac{1}{2\mathrm{j}} \sum_{n=0}^{128-1} \left[\mathrm{e}^{\mathrm{j}\left(\frac{2\pi \times 60 n}{256} - \frac{2\pi nk}{128}\right)} - \mathrm{e}^{-\mathrm{j}\left(\frac{2\pi \times 60 n}{256} + \frac{2\pi nk}{128}\right)} \right] \\
&= \frac{1}{2\mathrm{j}} \sum_{n=0}^{127} \left[\mathrm{e}^{\mathrm{j}\left(\frac{2\pi \times 30 n}{128} - \frac{2\pi nk}{128}\right)} - \mathrm{e}^{-\mathrm{j}\left(\frac{2\pi \times 30 n}{128} + \frac{2\pi nk}{128}\right)} \right] \\
&= \frac{1}{2\mathrm{j}} \sum_{n=0}^{127} \left[\mathrm{e}^{\mathrm{j}\frac{2\pi n}{128}(30-k)} - \mathrm{e}^{-\mathrm{j}\frac{2\pi n}{128}(30+k)} \right]
\end{aligned}
$$

可见,当 $k = 30$ 以及 $k = ((-30))_{128} = 98$ 时 $x(k)$ 存在非 0 值。〔注:$((-30))_{128}$ 表示 -30 对 128 求模。〕因此,当 N 为序列数字周期的整数倍时,可以精准地获得原信号的频率,此时频谱中的非 0 值只有 2 个,且是对称的,即若 k 为其中一个非 0 值,则另一个非 0 值必为 $N-k$;当 N 为其他值时,则会存在明显的频谱泄露,此时频谱存在较多的非 0 值,其峰值对应的频率与原信号的频率将存在偏差。

【例 3.15】 $x(t)$ 由两个余弦信号叠加而成:$x(t) = \cos\dfrac{2\pi t}{16} + \cos\dfrac{6\pi t}{8}$。用频率 $f_s = 6.4$ Hz 对其取样后,分析 40 s 内的频谱。

解: $x(t)$ 包含两个频率 $f_1 = \dfrac{1}{16}$ Hz 和 $f_2 = \dfrac{3}{8}$ Hz。用 $f_s = 6.4$ Hz 取样后 $\left(令\ t = nT_s = \dfrac{n}{f_s}\right)$,对应的数字序列为

$$x(n) = \cos\frac{2\pi n}{102.4} + \cos\frac{6\pi n}{51.2}$$

数字角频率分别为 $\omega_1 = \frac{2\pi}{102.4}$ rad 和 $\omega_2 = \frac{6\pi}{51.2}$ rad。

在 40 s 内以 6.4 Hz 进行取样，共得 $40\times6.4=256$ 个取样点。现在分别以 $N_1=256$ 和 $N_2=512$ 为例计算 DFT。

① $N=256$ 时的时域波形和幅度谱

$N=256$ 时的时域波形和幅度谱如图 3.47 所示。

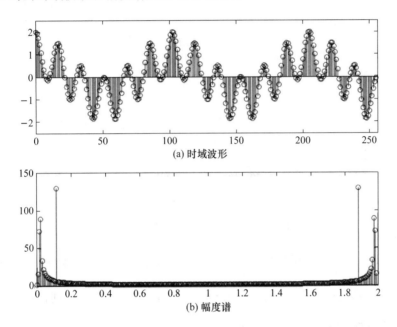

图 3.47　$N=256$ 的时域波形和幅度谱

为了确定不同点的频谱分析是否能精准获得原始序列包含的频率分量，利用公式 $\omega = \frac{2\pi k}{N}$ 可以计算出 k 从 0 到 $N-1$ 所对应的频率；反之，对于已知的 ω 和 N，可以计算出对应的 k。k 若为整数则意味着频谱分析没有误差，反之则存在误差。

根据

$$\omega_1 = \frac{2\pi}{102.4} = \frac{2\pi k}{256} \rightarrow k_1 = 2.5$$

可知，ω_1 的分析存在偏差，频谱泄露到 $k=2$ 和 $k=3$ 处了，因此可以在 $k=2$ 和 $k=3$ 处获得幅度较高的两个小峰，而其他的多个 k 处也能获得非 0 谱线。

同理，

$$\omega_2 = \frac{2\pi}{51.2} = \frac{6\pi k}{256} \rightarrow k_2 = 15$$

k_2 为整数，表明 ω_2 的分析不存在偏差，再由对称性可知，信号还在 $N-k_2=241$ 处存在另一根非 0 谱线，而其余 k 值均为 0。

② $N=512$ 时的时域波形和幅度谱

$N=512$ 时的时域波形和幅度谱如图 3.48 所示。

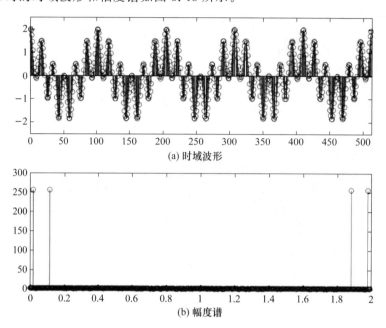

(a) 时域波形

(b) 幅度谱

图 3.48 $N_1=512$ 时域波形和幅度谱

序列 $x(n)$ 是两个子序列的叠加——$x(n)=x_1(n)+x_2(n)$，其中 $x_1(n)=\cos\dfrac{2\pi n}{102.4}$，$x_2(n)=\cos\dfrac{6\pi n}{51.2}$。容易计算 $x_1(n)$ 的周期为 $T_1=512$，而 $x_2(n)$ 的周期为 $T_2=256$，因此 $x(n)$ 的周期 T 为两者的最小公倍数，即 $T=T_1=512$。若进行 512 点 DFT 则符合结论 2。

从图 3.47 和图 3.48 可以得到下述结论。

① 采样 40 s 可获得 256 个样值。

② 由于该复合序列的周期为 512，因此计算 256 点 FFT 后，虽然能够在对应的信号频率处获得峰值，但存在一定的频率偏差。

③ 根据结论 2 可知，只有在 N 为序列周期的整数倍时，进行频谱分析时才能精准地获得信号的频率分量及其对应的 k。若序列为单频的正弦或余弦序列，则只能获得偶对称的 2 根非 0 谱线；若序列为单频的指数序列，则它的频谱中只有 1 个非 0 值。

（2）频谱分析中的频率偏差 $\Delta\omega$

如果 DFT/FFT 的点数不等于序列的周期或者周期的整数倍，那么频谱分析一定存在误差，即频率偏差 $\Delta\omega$。此时计算出来的 k 是一个小数，如 $k=2.5$。

应用时希望 $\Delta\omega$ 越小越好，因此存在一个最小频率偏差 $\Delta\omega_{\min}$：

$$\Delta\omega_{\min}=\min(\Delta k)\times\frac{2\pi}{N} \tag{3.96}$$

其中，$\min(\Delta k)$ 为当前 k 离整数的最小偏差。

仍以 $k=2.5$ 为例来说明，此时频谱泄露到了 $k=2$ 和 $k=3$ 的地方。从图 3.47 来看，$k=2.5$ 处的峰值被分成 $k=2$ 和 $k=3$ 处的两个小峰。因此左侧的 2 和右侧的 3 分别存在

$\Delta \omega_1 = |2.5 - 2| \times \dfrac{2\pi}{256}$ 以及 $\Delta \omega_2 = |3 - 2.5| \times \dfrac{2\pi}{256}$ 的频率偏差。由于 2.5 恰好位于 2 和 3 的中间,因此 $k=2$ 和 $k=3$ 处的最小频率偏差相同。

下面再分析 $k=3.75$ 的频率偏差。很明显,该 k 更为靠近右侧的 4,因此,当前 k 离整数的最小偏差为 $\min(\Delta k) = |4 - 3.75| = 0.25$,最小频率偏差为 $\Delta \omega_{\min} = 0.25 \times \dfrac{2\pi}{256} = \dfrac{\pi}{512}$ rad。

本 章 小 结

本章首先从工程计算的角度引入频域取样定理,进而给出 DFT 的定义、DFT 与 DFS 的异同,并重点介绍了 DFT 的性质,强调了 DFT 的周期性和对称性、循环卷积与线性卷积的关系,以及说明了利用 DFT 计算线性卷积的方法,明确了 DFT 与 DTFT 和 Z 变换的关系。在 DFT 的快速计算方法中,比较和分析了两种最基础的 FFT 算法——基 2 时域抽选算法和基 2 频域抽选算法,以及对应的反变换算法。在 FFT 的应用方面,本章分别介绍了用重叠相加法实现长序列线性卷积的分段计算方法、提高实序列 DFT 计算效率的方法,并且详细讨论了信号的频谱分析方法。本章重要的知识点如下:

(1) 频域取样定理;
(2) 频域内插:DFT 与 DTFT 的关系;
(3) Z 域内插:DFT 与 Z 变换的关系;
(4) DFT 的周期性与对称性;
(5) 循环卷积与线性卷积的关系;
(6) 利用 DFT 计算线性卷积的方法;
(7) 基 2 时域抽选算法和基 2 频域抽选算法;
(8) 重叠相加法;
(9) 频谱分析。

习 题

3.1 已知某长度为 4 的序列 $x(n) = \{2, 3, 3, 2\}$,其中 $n = 0, 1, 2, 3$。

(1) 计算序列 $x(n)$ 的 DTFT 和 4 点 DFT;

(2) 对序列后补 0 后得到序列 $x_1(n) = \{2, 3, 3, 2, 0, 0, 0, 0\}$,$n = 0, 1, \cdots, 7$,计算其 DTFT 和 8 点 DFT。

3.2 以 2 400 Hz 为取样频率对一模拟信号进行取样,得到序列 $x(n) = \{1, 1, 1, 1, 1, 1\}$。已知序列 DTFT 结果在频点 $\dfrac{\pi}{2}$ 处的幅度为 $\sqrt{2}$,求取样信号在 5 400 Hz 处的幅度,另对序列作 8 点 DFT,求 $X(2)$。

3.3 已知 7 点实序列 $x(n)$ 的序列和为 2,其 DFT 的后 3 个点值为

$$X(k)=\{1+j,2j,3+j\}, \quad k=4,5,6$$

求：$X(0)$、$X(1)$、$X(2)$、$X(3)$。

3.4 若有限长序列 $x(n)$ 的 DFT 结果为 $\{2,4-j,0,4+j,1\}$，求 $x(n)W_5^{2n}$ 的 5 点 DFT 结果。

3.5 已知 $x(n)$ 的长度为 N，且 $X(k)=\mathrm{DFT}\{x(n)\}$，现令 $y(n)=x((n))_N,0\leqslant n\leqslant 2N-1$ 求 $y(n)$ 的 $2N$ 点 DFT。

3.6 若 $x(n)$ 的长度为 N，且 $X(k)=\mathrm{DFT}\{x(n)\}$，求证：

(1) $X_o(k)=\mathrm{DFT}\{j\mathrm{Im}[x(n)]\}$；

(2) 如果 $x(n)$ 为实序列，则 $X(k)=X^*((-k))_N$。

3.7 若 $x_1(n)$ 为 N 点实序列，且有 $x(n)=jx_1(n)$，现对 $x(n)$ 作 N 点 DFT，并由 $X_R(k)$、$X_I(k)$ 表示其实部和虚部，求证：

(1) $X_R(k)=\sum\limits_{n=0}^{N-1}x_1(n)\sin\dfrac{2\pi nk}{N}$；

(2) $X_I(k)=\sum\limits_{n=0}^{N-1}x_1(n)\cos\dfrac{2\pi nk}{N}$。

3.8 已知两个长度为 4 的有限长序列分别为 $x(n)=\{1,2,1,1\}$，$h(n)=\{2,2,1,1\}$，其中 $n=0,1,2,3$，计算它们的 4 点循环卷积。

3.9 已知两个有限长序列 $x(n)(0\leqslant n\leqslant 6)$ 和 $h(n)(0\leqslant n\leqslant 19)$，其 21 点循环卷积结果为 $y_c(n)$，线性卷积结果为 $y_L(n)$。

(1) $y_c(n)$ 中的哪些点与 $y_L(n)$ 相同？

(2) 需要进行多少点循环卷积才能保证 $y_c(n)$ 和 $y_L(n)$ 完全相同？

3.10 已知有限长序列 $x(n)(0\leqslant n\leqslant N-1)$ 和 $h(n)(-N+1\leqslant n\leqslant M-1)$。

(1) 假设 $y_1(n)=x(n)*h(n)$，请写出 n 的取值区间。

(2) 若 $h'(n)=\begin{cases}h(n), & 0\leqslant n\leqslant M-1, \\ h(n-L), & M\leqslant n\leqslant L-1,\end{cases}$ $y_c(n)=x(n)\otimes h'(n)$，$L=N+M-1$，请问 $y_1(n)$ 与 $y_c(n)$ 哪些点取值相同？

3.11 已知线性时不变因果系统的单位冲激响应为 $h(n)=\{1,2,1,1\}$，取样频率为 200 Hz，当输入信号为 $x(n)=2n+1$ 时，用分段长度为 5 的重叠相加法求出系统前 0.05 s 的输出 $y(n)$。

3.12 已知某线性时不变系统的单位冲激响应为 $h(n)=\{1,0,-1,1\}$，输入序列为 $x(n)=\{1,2,1,1,2,3,2,1,2,1,1\}$。试用重叠相加法计算其卷积，每段输入的长度为 5。

3.13 已知一有限长序列 $x(n)$ 为 $\{1,1,1,1\}$，画出其 8 点基 2 DIT-FFT 的信号流图，求出对应的 8 点 DFT 的结果。

3.14 已知 $x(n)=\{2+2j,-2j,0,2\}$，试利用基 2 DIF-FFT 算法求 $X(k)$。要求画出 DIF-FFT 信号流图，并标注旋转因子及每级蝶形计算结果。

3.15 已知 $X(k)=[5,j,-1,-j]$，画出其 4 点基 2 DIT-IFFT 的信号流图，并标注出每一级节点的计算结果。

3.16 设有两个长度为 4 的离散时间序列 $x(n)=[2,-1,1,1](n=0,1,2,3)$ 和 $y(n)=[2,3,2,3](n=0,1,2,3)$，请用一次 4 点 DFT 计算出 2 个 4 点 DFT $X(K)$ 和 $Y(K)$。

3.17 已知某信号的最高频率不大于 2 kHz，现利用 DFT 分析其频谱，要求：(1)DFT

点数为 2 的整数次幂;(2)频率分辨率不大于 8 Hz。求最大的取样间隔以及 DFT 点数。

3.18 有一频谱分析用的 DFT/FFT 处理器,其取样点数为 2 的整数次幂,假设没有采用任何的数据处理措施,已给条件为频率分辨率 $\Delta f \leqslant 10$ Hz,信号最高频率小于或等于 4 kHz。试确定以下参量:

(1) 最小记录长度 $T_0 = NT$;

(2) 取样点最大时间间隔 T(即最小取样频率);

(3) 一个记录中的最少点数 N。

3.19 设 $x_a(t) = x_1(t) + x_2(t)$,且 $x_1(t) = \cos 3\pi t$,$x_2(t) = \cos 4\pi t$。对该信号取样($f_s = 16$ Hz),随后从 $n=0$ 开始至少取多少个点利用 DFT 进行频谱分析,才能保证 $|X(k)|$ 只有 4 个非 0 值?

3.20 已知信号连续时间为 $x_a(t) = \cos 128\pi t + \cos 256\pi t$,对其进行时域取样,并采用 DFT 进行频谱分析。

(1) 请确定最小时域取样速率 f_s;

(2) 现以 $f_{s1} = 512$ Hz 进行取样,得到采样信号 $\hat{x}_a(t)$ 及序列 $x(n) = x_a(nT_{s1})$,请画出 $\hat{x}_a(t)$ 的频谱图;

(3) 若对由(2)所得到的 $x(n)$ 进行 $N=256$ 的 DFT,请给出能够达到的频率分辨率 Δf,并对照(2)中频谱图画出 $|X(k)|$ 示意图(图中需标注各频率分量所对应的坐标值)。

3.21 存在序列 $x(n) = 5\sin \dfrac{\pi}{6}n + \cos \dfrac{\pi}{3}n + 3\cos \dfrac{\pi}{7}n$,令 $x_1(n) = x(n)w(n)$,$w(n)$ 为 72 点矩形窗,并对 $x_1(n)$ 作 72 点 DFT 运算,结果为 $X_1(k)$。

(1) 是否能保证 $X_1(k)$ 中只有 6 个非 0 值?说明理由。

(2) 是否存在频谱泄露?

3.22 设 $x_a(t) = x_1(t) + x_2(t)$,且 $x_1(t) = \cos 3\pi t$,$x_2(t) = \cos 2\pi t$。对该信号取样($f_s = 8$ Hz),随后从 $n=0$ 开始取 15 个点进行频谱分析。

(1) 定性画出 $|X(k)|$ 的波形;

(2) 求此时对 $x_2(t)$ 频谱分析的最小偏差 $\Delta \omega_2$。

3.23 已知模拟信号 $x_a(t)$,对该信号取样($f_s = 1\,000$ Hz),随后从 $n=0$ 开始取 32 个点进行频谱分析,则 $|X(k)|$ 的波形如图 3.49 所示,则 $x_a(t)$ 最可能是(   )?说明理由。

(A) $10\cos 125\pi t$ (B) $10\cos 120\pi t$

(C) $10e^{j125\pi t}$ (D) $10e^{j120\pi t}$

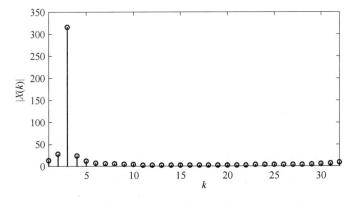

图 3.49 $|X(k)|$ 的波形

第 **4** 章 IIR数字滤波器设计

4.1 引言

数字滤波器的目的是在选择某些频带信号的同时抑制不需要的频带信号,其具有"频率选择性"的特点,应用非常广泛,几乎覆盖所有的数字信号处理领域。例如,提取一段电影原声中的对话,或者对混合音频信号中的音乐、语音等进行分类前,需要采用数字滤波器滤除背景噪声。一个较为直接的方法就是对背景噪声进行统计分析,随后设计一个数字滤波器将噪声滤除(抑制),其余信号则被保留(通过)。

能让信号通过的频带称为滤波器的通带,而被抑制的频带称为滤波器的阻带。通带与阻带之间的频带称为过渡带。理想滤波器没有过渡带,其幅频响应如图 4.1 所示,而对于实际的非理想滤波器,过渡带不为零。

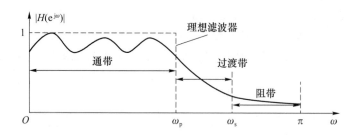

图 4.1 理想滤波器的幅频响应示意图

根据输入输出信号类型的不同,滤波器可以分为模拟滤波器(Analog Filter,AF)和数字滤波器(Digital Filter,DF)。前者的输入输出均为模拟信号,而后者的输入输出都是数字信号。无论模拟滤波器还是数字滤波器,根据通带的类型,都可分为低通滤波器(Lowpass Filter,LPF)、高通滤波器(Highpass Filter,HPF)、带通滤波器(Bandpass Filter,BPF)、带阻滤波器(Bandstop Filter,BSF)以及全通滤波器(Allpass Filter,APF)。顾名思义,低通滤波器只允许低频信号通过而抑制高频信号;高通滤波器则相反,只允许高频信号通过而抑制低频信号;带通滤波器允许某特定频带的信号通过;带阻滤波器用来抑制某特定频带的信号。

　　理想滤波器的单位冲激响应非因果且无限长,是物理不可实现的。因此只能基于某些优化准则在误差容限内尽可能地逼近理想滤波器。对相同种类的滤波器而言,如不同阶数的巴特沃思滤波器,阶数越高越逼近理想特性,但实现的复杂度和成本相应地越高。因此,在设计滤波器时需辩证看待理想和现实的关系。

　　本章以最基础的模拟低通滤波器——巴特沃思模拟低通滤波器的设计入手,依次讨论模拟频率变换法、冲激响应不变法、双线性变换法等经典的无限冲激响应(Infinite Impulse Response,IIR)数字滤波器的设计方法。

4.2　IIR 数字滤波器的技术指标和设计流程

　　IIR 数字滤波器具有 3 个比较典型的特点。

　　(1)系统函数是用 z(或 z^{-1})的有理式来表示的,即

$$H(z) = \frac{\sum_{i=0}^{M} a_i z^{-1}}{1 - \sum_{i=1}^{N} b_i z^{-i}} = A\frac{\prod_{i=1}^{M}(1 - c_i z^{-1})}{\prod_{i=1}^{N}(1 - d_i z^{-1})} \tag{4.1}$$

　　(2)系统的单位冲激响应 $h(n)$ 无限长。

　　(3)系统包含递归结构(带反馈支路)。

　　设计并实现一个 IIR 数字滤波器一般包括以下 4 个步骤。

　　(1)确定 IIR 数字滤波器的技术指标,如通带和阻带的边缘频率、通带和阻带的衰减等。

　　(2)借助于一个有理分式去逼近上述技术指标,同时保证系统的因果稳定性。

　　(3)采用一个有限精度算法去获得式(4.1)所表示的系统函数 $H(z)$。

　　(4)选择合适的实现结构,如级联型、并联型等。

　　由于技术指标是给定的,因此 IIR 数字滤波器设计的核心在于利用一个有理式或者多项式去逼近给定的技术指标,以及计算出有理式的参数。

1. IIR 数字滤波器的技术指标

　　IIR 数字滤波器的技术指标通常采用系统的幅频特性来刻画,即让频率响应($H(e^{j\omega}) = |H(e^{j\omega})|e^{j\varphi(\omega)}$)的幅度特性$|H(e^{j\omega})|$满足指标要求。需说明的是,相位特性 $\varphi(\omega)$ 并非不考虑,特定的相位特性可以借助于全通滤波器来实现或校正。

　　典型的 IIR 数字滤波器的技术指标是在 $\omega\sim|H(e^{j\omega})|$ 坐标中定义的,由于 $H(e^{j\omega})$ 以 2π 为周期且具有对称性,因此 ω 通常只需关注 $0\sim\pi$ 这个范围。

　　与理想滤波器不同,物理可实现的滤波器在通带和阻带范围内是有误差的,因此存在波动和过渡带,下面结合图 4.2,以数字低通滤波器为例给出 IIR 数字滤波器通带和阻带边缘频率、道带最大衰减和阻带最小衰减等技术指标。其中两组重要的技术指标为(ω_p,δ_p)和(ω_s,δ_s)。ω_p 和 ω_s 分别指通带和阻带的边缘频率,两者分别称为通带截止频率和阻带起始频率。δ_p 表示通带波动峰值,是通带允许的绝对最大误差;δ_s 为阻带波动峰值,是阻带允许

的绝对最大误差。过渡带为 $\Delta\omega = \omega_s - \omega_p$，是 ω_p 与 ω_s 之间的频率区域。

工程上，IIR 数字滤波器的振幅响应更多地用衰减（attenuation）和增益（gain）来表示，这是一种相对指标，单位为分贝（dB）。相对指标与绝对指标存在简单的转换关系。假设衰减和增益分别用 $A(\omega)$ 和 $G(\omega)$ 表示，则

$$A(\omega) = -10\lg |H(e^{j\omega})|^2 = -20\lg |H(e^{j\omega})| \qquad (4.2)$$

$$G(\omega) = -A(\omega) \qquad (4.3)$$

根据上述定义，容易推导出 IIR 数字滤波器的另外两个重要的技术指标——通带最大衰减 A_p 和阻带最小衰减 A_s，两者分别定义为

$$A_p = -20\lg(1 - \delta_p) \qquad (4.4)$$

$$A_s = -20\lg \delta_s \qquad (4.5)$$

图 4.2 所示为 IIR 数字低通滤波器的技术指标。

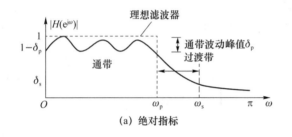
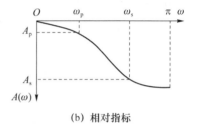

图 4.2　IIR 数字低通滤波器的技术指标

2. IIR 数字滤波器的设计流程

如前文所述，IIR 数字滤波器的设计就是根据给定的技术指标，确定式（4.1）中的阶数 N 和系数 a_i、b_i，或者零点 c_i 和极点 d_i。设计的原则：在满足技术指标的前提下，让滤波器的阶数 N 越小越好，以降低实现成本。

由于模拟滤波器的设计理论已非常成熟，不仅有完整的设计公式可以得到闭合形式的解，还有完善的图表曲线供查询，因此，一般是借助于模拟滤波器来设计 IIR 数字滤波器，典型的方法包括 3 个重要环节：

（1）将 IIR 数字滤波器的技术指标转换为模拟滤波器的技术指标；

（2）设计满足技术指标的模拟滤波器的系统函数 $H_a(s)$；

（3）将模拟滤波器的系统函数 $H_a(s)$ 转换为 IIR 数字滤波器的系统函数 $H_d(z)$。

无论设计的 IIR 数字滤波器是低通、高通、带通的还是带阻的，都需要先在模拟域设计模拟低通滤波器，然后进行模拟频率变换以及模数变换。因此，这种方法称为模拟原型法，流程如图 4.3 所示。

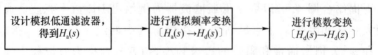

图 4.3　通过模拟原型法设计 IIR 数字滤波器的流程

4.3　模拟滤波器的设计

本节重点介绍巴特沃思(Butterworth)模拟低通滤波器的设计,因为模拟低通滤波器是设计其他类型滤波器的基础。一旦模拟低通滤波器设计完成,就能通过模拟频率变换比较容易地实现模拟高通、带通和带阻滤波器的设计,进而通过模数变换实现数字滤波器的设计。

4.3.1　模拟滤波器的技术指标

一般用多项式去逼近给定的模拟滤波器的幅度平方响应(也称幅度平方函数)$|H(\mathrm{j}\Omega)|^2$。在很多应用中,幅度平方响应采用归一化的形式给出,即通带幅度的最大值设定为 $1[\max(|H(\mathrm{j}\Omega)|)=1]$。那么,模拟低通滤波器的归一化技术指标为

$$\frac{1}{1+\varepsilon^2}\leqslant|H(\mathrm{j}\Omega)|^2\leqslant1,\quad|\Omega|\leqslant\Omega_{\mathrm{p}} \tag{4.6}$$

$$0\leqslant|H(\mathrm{j}\Omega)|^2\leqslant\frac{1}{A^2},\quad|\Omega|\geqslant\Omega_{\mathrm{s}} \tag{4.7}$$

其中:ε 为通带内波动系数;$\dfrac{1}{\sqrt{1+\varepsilon^2}}$为通带幅度的最小值;$A$ 为阻带衰减,大小为 $-20\lg\dfrac{1}{A}$ dB;Ω_{p} 为通带截止频率;Ω_{s} 为阻带起始频率。定义 Ω_{c} 为 3 dB 截止频率,即幅度衰减到 3 dB 处($|H(\mathrm{j}\Omega)|^2=0.5$)所对应的频率。模拟低通滤波器的技术指标如图 4.4 所示。

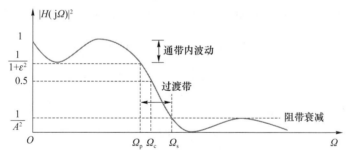

图 4.4　模拟低通滤波器的技术指标

从滤波器技术指标和通频带看,数字滤波器和模拟滤波器的概念是相似的。但需要注意的是,在模拟滤波器中,Ω 的范围为 $0\sim+\infty$,而数字滤波器的 ω 范围习惯上采用区间$[0,\pi]$,利用对称性和周期性易得其他频率上的特性。

4.3.2　巴特沃思模拟低通滤波器

经典的模拟低通滤波器有多种,它们的性能差异主要体现在平滑通带和陡峭过渡带之间的折中上。本节仅介绍巴特沃思模拟低通滤波器的特性和设计方法。

巴特沃思模拟低通滤波器的幅度平方响应为

$$|H(j\Omega)|^2 = \frac{1}{1 + \left(\dfrac{\Omega}{\Omega_c}\right)^{2N}} \qquad (4.8)$$

式(4.8)中有两个关键参数：Ω_c 和 N。Ω_c 为模拟低通滤波器的 3 dB 截止频率，而 N 是模拟低通滤波器阶数，是一个正整数，N 越大，滤波特性越逼近理想低通滤波器。

1. $|H(j\Omega)|^2$ 的确定

根据式(4.8)，易得到巴特沃思模拟低通滤波器的幅频特性，如图 4.5 所示。

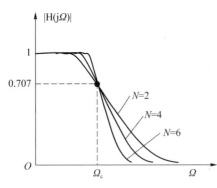

图 4.5 巴特沃思模拟低通
滤波器的幅频特性

（1）当 $\Omega = 0$ 时，$|H(j0)| = 1$，无衰减；随着 Ω 从 0 到 $+\infty$，幅度频率响应 $|H(j\Omega)|$ 单调递减。阶数 N 越大，巴特沃思模拟低通滤波器通带内越趋于平坦，过渡带越陡峭，阻带下降速度越快。

（2）当 $\Omega = \Omega_c$ 时，$|H(j\Omega)|^2 = 0.5$，$A(\Omega_c) = -10\lg 0.5 \cong 3$ dB，此时不管阶数 N 为多少，巴特沃思模拟低通滤波器的幅度响应曲线必过 3 dB 这个点，这一特性称为 3 dB 不变性。因此，在巴特沃思模拟低通滤波器设计中，一般选择 Ω_c(3 dB 点)作为频率参考点。

巴特沃思模拟低通滤波器的设计思路是根据给定的 4 个技术指标，即通带截止频率 Ω_p 以及该频率对应的通带最大衰减 A_p、阻带起始频率 Ω_s 以及该频率对应的阻带最小衰减 A_s，确定式(4.8)中的两个参数 N 和 Ω_c，获得幅度平方函数 $|H(j\Omega)|^2$，再由 $|H(j\Omega)|^2$ 求出滤波器的系统函数 $H(s)$。

参考式(4.2)，分别将通带和阻带对应的 2 个指标 A_p 和 A_s 代入式(4.8)，可得

$$\begin{cases} A_p = -10\lg|H(j\Omega_p)|^2 = 10\lg\left[1 + \left(\dfrac{\Omega_p}{\Omega_c}\right)^{2N}\right] \\ A_s = -10\lg|H(j\Omega_s)|^2 = 10\lg\left[1 + \left(\dfrac{\Omega_s}{\Omega_c}\right)^{2N}\right] \end{cases} \qquad (4.9)$$

将 A_s 与 A_p 相除，整理后可得

$$\left(\frac{\Omega_s}{\Omega_p}\right)^{2N} = \frac{10^{0.1A_s} - 1}{10^{0.1A_p} - 1}$$

从而有

$$N \geqslant \left\lceil \frac{\lg\dfrac{10^{0.1A_s} - 1}{10^{0.1A_p} - 1}}{2\lg\dfrac{\Omega_s}{\Omega_p}} \right\rceil \qquad (4.10)$$

滤波器的阶数必须为整数，因此 N 取满足式(4.10)的最小整数。阶数 N 一旦确定，即可由式(4.9)求得 3 dB 截止频率 Ω_c，即由通带截止频率 Ω_p 处的衰减 A_p 求得的 Ω_c 为

$$\Omega_c = \frac{\Omega_p}{\sqrt[2N]{10^{0.1A_p} - 1}} \qquad (4.11)$$

类似地，也可以由阻带起始频率 Ω_s 处的衰减 A_s 求得 Ω_c：

$$\Omega_c = \frac{\Omega_s}{\sqrt[2N]{10^{0.1A_s} - 1}} \qquad (4.12)$$

注意：由式(4.11)和式(4.12)得到的 Ω_c 略有差异。由式(4.11)计算的 Ω_c 所设计的滤波器在通带处正好满足技术指标，但在阻带处有可能存在富余，而由式(4.12)得到的 Ω_c 所设计的滤波器在阻带处正好满足设计要求，但在通带处有可能存在富余。

因此，如果取

$$\frac{\Omega_p}{\sqrt[2N]{10^{0.1A_p}-1}} \leqslant \Omega_c \leqslant \frac{\Omega_s}{\sqrt[2N]{10^{0.1A_s}-1}} \tag{4.13}$$

则设计出的巴特沃思模拟低通滤波器在通带和阻带处均能满足要求。

2. 巴特沃思模拟低通滤波器的设计步骤

可实现的滤波器的系统函数的系数一般都是实数，而实系数模拟系统的频率响应具有共轭对称性。因此，由 $|H(\mathrm{j}\Omega)|^2$ 求 $H(s)$ 的思路如下：先根据共轭对称性求出系统的零极点，再通过对零极点的选择构造系统函数 $H(s)$。对于实系数模拟系统，有

$$H(\mathrm{j}\Omega) \cdot H(-\mathrm{j}\Omega) = H(\mathrm{j}\Omega) \cdot H^*(\mathrm{j}\Omega) = |H(\mathrm{j}\Omega)|^2$$

由此得

$$|H(\mathrm{j}\Omega)|^2 = H(s) \cdot H^*(s)|_{s=\mathrm{j}\Omega} = H(s) \cdot H(-s)|_{s=\mathrm{j}\Omega} = |H(s)|^2|_{s=\mathrm{j}\Omega} \tag{4.14}$$

代入式(4.8)，可得

$$H(s)H(-s) = \frac{1}{1+\left(\frac{\Omega}{\Omega_c}\right)^{2N}}\Bigg|_{\Omega=s/\mathrm{j}} = \frac{1}{1+(-1)^N\left(\frac{s}{\Omega_c}\right)^{2N}} \tag{4.15}$$

由式(4.15)可以求出 $H(s)H(-s)$ 的极点，其中位于 S 平面左半平面的极点为 $H(s)$ 的极点（保证系统稳定），而其余极点为 $H(-s)$ 的极点。

把式(4.15)进行归一化处理，设复数变量 s 的归一化值为 $p=\frac{s}{\Omega_c}$，则式(4.15)变为

$$H(p)H(-p) = \frac{1}{1+(-1)^N p^{2N}} \tag{4.16}$$

其中，$H(p)$ 称为滤波器的归一化系统函数。容易解得其极点 p_k 为

$$p_k = \mathrm{e}^{\mathrm{j}\frac{\pi}{2}}\mathrm{e}^{\mathrm{j}\frac{\pi}{2}\frac{(2k+1)}{N}}, \quad k=0,1,\cdots,2N-1 \tag{4.17}$$

可以看出，这 $2N$ 个极点均匀分布在 S 平面以原点为中心、半径为 1 的圆周上（非归一化时是半径为 Ω_c 的圆），极点间的距离为 $\frac{\pi}{N}$ 弧度。极点的一半位于 S 平面的左半平面，另一半位于 S 平面的右半平面。为了保证模拟滤波器稳定，取 S 平面左半平面的 N 个根 p_k 作为 $H(p)$ 的极点并构成系统函数，即

$$p_k = \mathrm{e}^{\mathrm{j}\frac{\pi}{2}}\mathrm{e}^{\mathrm{j}\frac{\pi}{2}\frac{(2k+1)}{N}}, \quad k=0,1,\cdots,N-1$$

这样

$$H(p) = \frac{1}{(p-p_0)\cdot(p-p_1)\cdots\cdots(p-p_{N-1})} \tag{4.18}$$

把 $p=\frac{s}{\Omega_c}$ 代入 $H(p)$ 得到实际需要的 $H(s)$：

$$H(s) = H(p)|_{p=\frac{s}{\Omega_c}} = \frac{\Omega_c^N}{\prod\limits_{k=0}^{N-1}(s-p_k\Omega_c)} \tag{4.19}$$

由此可以看出，巴特沃思模拟低通滤波器在 S 平面上只有极点，零点全部在 $s=+\infty$ 处，是全极点型滤波器。综上所述，设计巴特沃思模拟低通滤波器的步骤如下：

（1）由滤波器技术指标和式(4.10)确定滤波器阶数 N；

（2）由式(4.11)确定 Ω_c；

（3）由式(4.18)计算 S 平面左半平面的 N 个极点，并得到 $H(p)$；

（4）由式(4.19)确定最终的系统函数 $H(s)$。

【例 4.1】 设计一个满足下列指标的巴特沃思模拟低通滤波器：通带的截止频率为 $f_p=6\,\mathrm{kHz}$，通带最大衰减为 $A_p=3\,\mathrm{dB}$，阻带截止频率为 $f_s=12\,\mathrm{kHz}$，阻带最小衰减为 $A_s=25\,\mathrm{dB}$，并求出滤波器的系统函数。

解：（1）将模拟频率转成模拟角频率：

$$\Omega_s=2\pi f_s$$
$$\Omega_p=2\pi f_p$$

（2）求阶数 N：

$$N\geqslant\frac{\lg\dfrac{10^{0.1A_s}-1}{10^{0.1A_p}-1}}{2\lg\dfrac{\Omega_s}{\Omega_p}}=4.15$$

向上取整，故 $N=5$。

（3）求 $H(p)$。由式(4.18)可求出 $H(p)$ 的极点为

$$p_k=\mathrm{e}^{\mathrm{j}\frac{\pi}{2}}\mathrm{e}^{\mathrm{j}\frac{\pi}{2}\frac{(2k+1)}{N}}=\mathrm{e}^{\mathrm{j}\frac{\pi}{2}}\mathrm{e}^{\mathrm{j}\frac{(2k+1)\pi}{10}},\quad k=0,1,\cdots,4$$

即

$$p_0=\mathrm{e}^{\mathrm{j}\left(\frac{\pi}{2}+\frac{\pi}{10}\right)},\quad p_1=\mathrm{e}^{\mathrm{j}\left(\frac{\pi}{2}+\frac{3\pi}{10}\right)},\quad p_2=\mathrm{e}^{\mathrm{j}\left(\frac{\pi}{2}+\frac{5\pi}{10}\right)},\quad p_3=\mathrm{e}^{\mathrm{j}\left(\frac{\pi}{2}+\frac{7\pi}{10}\right)},\quad p_4=\mathrm{e}^{\mathrm{j}\left(\frac{\pi}{2}+\frac{9\pi}{10}\right)}$$

所以，

$$H(p)=\frac{1}{(p-\mathrm{e}^{\mathrm{j}\frac{3\pi}{5}})(p-\mathrm{e}^{\mathrm{j}\frac{4\pi}{5}})(p+\mathrm{e}^{\mathrm{j}\pi})(p-\mathrm{e}^{\frac{\mathrm{j}6\pi}{5}})(p-\mathrm{e}^{\frac{\mathrm{j}7\pi}{5}})}$$

$$=\frac{1}{(p+1)(p^2+0.618p+1)(p^2+1.618p+1)}$$

（4）将 $H(p)$ 反归一化，得 $H(s)$：

$$H(s)=H(p)\Big|_{p=\frac{s}{\Omega_c}}$$

$$=\frac{\Omega_c^5}{\left[s^2+0.618\Omega_c s-\Omega_c^2\right]\left[s^2+1.618\Omega_c s-\Omega_c^2\right]\left[s+\Omega_c\right]}$$

3. 查表法求 $H(s)$ 的方法

模拟滤波器的理论已相当成熟，很多常用滤波器的设计参数已经以图表曲线的方式概括了常用的逼近结果，从而简化了滤波器的设计。因此，除了直接计算 $H(s)$ 外，更多的是采用查表法，其设计步骤如下。

（1）频率归一化。由于不同滤波器需要的通带截止频率范围不同，因此为了简化设计和计算，需要将频率进行归一化处理。所谓归一化是指以某一频率为参考频率，其他频率与它的比值即归一化频率。基于归一化值查曲线表格可以得到归一化系统函数 $H(p)$，然后进行反归一化获得真实频率对应的系统函数 $H(s)$。频率归一化的优点是归一化后滤波器的计算方法不随频率的绝对高低而变化，可以统一使用归一化后的图表曲线。需要注意的是，图 4.6 所示的曲线和表 4.1 是以 3 dB 截止频率 Ω_c 为参考频率而给出的(此时 $\Omega_p=\Omega_c$，$A_p=3\,\mathrm{dB}$)。如果要求的滤波器技术指标不是 3 dB 截止频率 Ω_c，而是其他频率处(如 Ω_p)的

指标,则需要先根据式(4.11)或式(4.12)求得相应的 Ω_c。

（2）由归一化频率——幅频特性曲线(如图 4.6 所示)查得滤波器阶数 N。

（3）查表 4.1,得到归一化系统函数 $H(p)$ 的分母多项式。

（4）进行反归一化,把 $p=\dfrac{s}{\Omega_c}$ 代入 $H(p)$,得到对应于真实频率的系统函数 $H(s)$,即

$$H(s)=H(p)\Big|_{p=\frac{s}{\Omega_c}}。$$

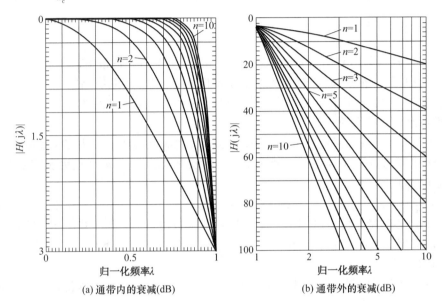

(a) 通带内的衰减(dB)　　　　(b) 通带外的衰减(dB)

图 4.6　巴特沃思模拟低通滤波器归一化的幅频特性(n 为阶数,取值从 1 到 10)

表 **4.1**　归一化的巴特沃思模拟低通滤波器系统函数的分母多项式

阶数 N	分母多项式 $A(p)$
1	$(p+1)$
2	$(p^2+1.414\,213\,56p+1)$
3	$(p^2+p+1)(p+1)$
4	$(p^2+0.765\,366\,86p+1)(p^2+1.847\,759\,07p+1)$
5	$(p^2+0.618\,033\,99p+1)(p^2+1.618\,033\,99p+1)(p+1)$
6	$(p^2+0.517\,638\,09p+1)(p^2+1.414\,213\,56p+1)(p^2+1.931\,851\,65p+1)$
7	$(p^2+0.445\,041\,87p+1)(p^2+1.246\,979\,60p+1)(p^2+1.801\,937\,74p+1)(p+1)$
8	$(p^2+0.390\,180\,64p+1)(p^2+1.111\,140\,47p+1)(p^2+1.662\,939\,22p+1)(p^2+1.961\,570\,56p+1)$
9	$(p^2+0.347\,296\,36p+1)(p^2+p+1)(p^2+1.532\,088\,89p+1)(p^2+1.879\,385\,24p+1)(p+1)$

【例 4.2】用查表法设计巴特沃思模拟低通滤波器,滤波器的技术指标如下:通带截止频率为 $\Omega_p=10\,000\pi$,通带最大衰减为 $A_p=3$ dB,阻带起始频率为 $\Omega_s=20\,000\pi$,阻带最小衰减为 $A_s=30$ dB。

切比雪夫模拟低通
滤波器的设计

解:（1）以通带截止频率 Ω_p 为参考频率,求得各频率归一化值, $\lambda_s=2,\lambda_p=1$。

（2）求 N:查图 4.6,得 $N=5$。

（3）查表 4.1,得 $H(p)$ 的分母多项式:

$$(p+1)(p^2+0.618\,034\,0p+1)(p^2+1.618\,034\,0p+1)$$

（4）进行反归一化：$H(p)$ 是归一化的系统函数，用 $p=\dfrac{s}{\Omega_{\mathrm{c}}}=\dfrac{s}{\pi\times10^4}$ 代入分母多项式，得对应于真实频率的系统函数 $H(s)$。

$$H(s)=$$

$$\dfrac{\pi^5\times10^{20}}{(s+\pi\times10^4)\left[s^2+0.618\,034\,0(\pi\times10^4)s+(\pi\times10^4)^2\right]\left[s^2+1.618\,034\,0(\pi\times10^4)s+(\pi\times10^4)^2\right]}$$

4.3.3 模拟滤波器的频率变换

除了低通滤波器外，常用的滤波器还包括高通、带通和带阻滤波器。本节将介绍如何把归一化巴特沃思模拟低通滤波器（称为模拟原型低通滤波器）的系统函数 $H_{\mathrm{LP}}(p)$ 变换为一般的低通、高通、带通和带阻滤波器的系统函数，这一过程就是模拟频率变换。

1. 模拟频率变换函数

为了实现模拟频率变换，这里借助于一个关于 s 的有理函数 $q(s)$ 来定义频率变换函数，即 $p=q(s)$，并通过 $q(s)$ 将模拟原型低通滤波器的系统函数 $H_{\mathrm{LP}}(p)$ 变换为所需要滤波器的系统函数 $H_{\mathrm{d}}(s)$，即

$$H_{\mathrm{d}}(s)=H_{\mathrm{LP}}(p)\big|_{p=q(s)} \tag{4.20}$$

由于 $q(s)$ 是有理函数，因此当 $H_{\mathrm{LP}}(p)$ 是有理函数时，变换后的 $H_{\mathrm{d}}(s)$ 也是有理函数。并非所有的有理函数都能用于上述变换，$q(s)$ 还需满足以下两个条件以保持滤波器的频率特性和稳定性。

（1）必须使模拟原型低通滤波器所在 S 平面的 $\mathrm{j}\Omega$ 轴映射到所要求滤波器所在的 S' 平面的 $\mathrm{j}\Omega$ 轴。

（2）模拟原型低通滤波器所在 S 平面的左半平面必须映射到所要求滤波器所在 S' 平面的左半平面，S 平面的右半平面必须映射到 S' 平面的右半平面。

表 4.2 总结了模拟滤波器之间的频率变换关系。在低通→高通的变换关系中，Ω_{p} 和 Ω_{s} 分别表示所要求滤波器的通带截止频率和阻带起始频率；在表 4.2 的后两行中，成对的 Ω_{p2} 和 Ω_{p1}、Ω_{s2} 和 Ω_{s1} 分别表示所要求滤波器（带通或带阻）的通带上、下截止频率，阻带上、下截止频率。Ω_0 是滤波器的通带中心频率且 $\Omega_0=\sqrt{\Omega_{\mathrm{p1}}\Omega_{\mathrm{p2}}}$，$B$ 是滤波器的通带带宽，无论是带通还是带阻滤波器，本书将其统一定义为

$$B=\Omega_{\mathrm{p2}}-\Omega_{\mathrm{p1}} \tag{4.21}$$

表 4.2　模拟滤波器之间的频率变换关系

滤波器的变换类型	归一化模拟原型低通滤波器的技术指标要求	频率变换函数 $q(s)$（由此可得到所需要滤波器的系统函数 $H_{\mathrm{d}}(s)=H_{\mathrm{LP}}(p)\big|_{p=q(s)}$）
低通→高通 $H_{\mathrm{LP}}(p)\to H_{\mathrm{HP}}(p)$	$\lambda_{\mathrm{p}}=1$ $\lambda_{\mathrm{s}}=\dfrac{\Omega_{\mathrm{p}}}{\Omega_{\mathrm{s}}}$	$p=q(s)=\dfrac{\Omega_{\mathrm{p}}}{s}$
低通→带通 $H_{\mathrm{LP}}(p)\to H_{\mathrm{BP}}(p)$	$\lambda_{\mathrm{p}}=1$ $\lambda_{\mathrm{s}}=\dfrac{\Omega_{\mathrm{s2}}-\Omega_{\mathrm{s1}}}{\Omega_{\mathrm{p2}}-\Omega_{\mathrm{p1}}}$	$p=q(s)=\dfrac{s^2+\Omega_0^2}{Bs}$
低通→带阻 $H_{\mathrm{LP}}(p)\to H_{\mathrm{BS}}(p)$	$\lambda_{\mathrm{p}}=1$ $\lambda_{\mathrm{s}}=\dfrac{\Omega_{\mathrm{p2}}-\Omega_{\mathrm{p1}}}{\Omega_{\mathrm{s2}}-\Omega_{\mathrm{s1}}}$	$p=q(s)=\dfrac{Bs}{s^2+\Omega_0^2}$

2. 模拟带通和带阻滤波器的设计

模拟原型低通滤波器的系统函数 $H_{LP}(p)$ 经过频率变换得到的模拟带通滤波器的通带上、下截止频率和阻带上、下截止频率关于中心频率 Ω_0 呈几何对称,即式(4.22)成立:

$$\Omega_0^2 = \Omega_{p1}\Omega_{p2} = \Omega_{s1}\Omega_{s2} \tag{4.22}$$

但实际的模拟带通滤波器很可能几何不对称,如图 4.7(a)所示。由于设计的是模拟带通滤波器,因此须保持通带特性不变,即需要在满足阻带最小衰减的前提下,以通带的中心频率为基准,调整阻带上、下截止频率中的一个,将非对称的模拟带通滤波器变换成几何对称的模拟带通滤波器。具体步骤如下。

(1)计算基于通带截止频率的中心频率 $\Omega_0^2 = \Omega_{p1}\Omega_{p2}$。

(2)计算 $\overline{\Omega}_{s1} = \dfrac{\Omega_0^2}{\Omega_{s2}}$,如果 $\overline{\Omega}_{s1} > \Omega_{s1}$,用 $\overline{\Omega}_{s1}$ 代替 Ω_{s1},如图 4.7(a)所示;如果 $\overline{\Omega}_{s1} \leqslant \Omega_{s1}$,计算 $\overline{\Omega}_{s2} = \dfrac{\Omega_0^2}{\Omega_{s1}}$,并用 $\overline{\Omega}_{s2}$ 代替 Ω_{s2}。

(3)对比 A_{s1} 和 A_{s2},如果 $A_{s1} \neq A_{s2}$,则 $A_s = \max\{A_{s1}, A_{s2}\}$。

总之,阻带截止频率的调整原则是让模拟带通滤波器的技术指标要求更高(更严格),这样就能保证在满足阻带最小衰减的条件下使过渡带更为陡峭,获得更好的性能。

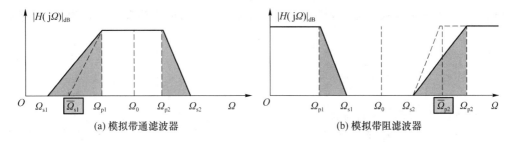

(a) 模拟带通滤波器　　　　　　　　(b) 模拟带阻滤波器

图 4.7　非几何对称模拟带通和带阻滤波器的调整过程

同理,带阻滤波器的技术指标要求也必须是几何对称的。如果实际的带阻滤波器非几何对称,则需在满足阻带最小衰减的前提下,将非对称的带阻滤波器变换为对称的带阻滤波器。基本原则是以阻带的中心频率为基准,即固定阻带上、下两个截止频率,调整通带上、下两个截止频率中的一个,该调整过程与带通滤波器的调整过程相似,如图 4.7(b)所示。具体步骤如下。

(1)计算基于带阻截止频率的中心频率 $\Omega_0^2 = \Omega_{s1}\Omega_{s2}$。

(2)计算 $\overline{\Omega}_{p1} = \dfrac{\Omega_0^2}{\Omega_{p2}}$,如果 $\overline{\Omega}_{p1} > \Omega_{p1}$,则用 $\overline{\Omega}_{p1}$ 代替 Ω_{p1};如果 $\overline{\Omega}_{p1} \leqslant \Omega_{p1}$,则计算 $\overline{\Omega}_{p2} = \dfrac{\Omega_0^2}{\Omega_{p1}}$,并用 $\overline{\Omega}_{p2}$ 代替 Ω_{p2}。

(3)比较 A_{p1} 和 A_{p2},如果 $A_{p1} \neq A_{p2}$,则 $A_p = \min\{A_{p1}, A_{p2}\}$。

总之,通带截止频率的调整原则是让带阻滤波器的技术指标要求更高(更严格),这样就能保证在满足阻带最小衰减的条件下使过渡带更为陡峭,获得更好的性能。

3. 模拟频率变换法的设计流程

基于表 4.2,由模拟频率变换法可以设计任意类型的模拟滤波器,具体步骤如下。

(1)确定所要求设计的模拟低通、高通、带通、带阻滤波器的技术指标,如果是模拟带通和带阻滤波器,则需要考察几何对称性,若是非几何对称,则先将其调整为几何对称。

（2）根据表 4.2 中的变换关系确定归一化模拟原型低通滤波器的技术指标，即通带截止频率 λ_p、阻带截止频率 λ_s、阻带衰减 A_p、阻带衰减 A_s。

（3）根据 λ_p、λ_s、A_p 和 A_s，设计模拟原型低通滤波器，得到其系统函数。

（4）根据表 4.2 给出的 $p=q(s)$ 变换关系，得到要求设计的模拟滤波器的系统函数。

【例 4.3】 设计一个巴特沃思模拟带阻滤波器，技术指标要求如下：通带的起始频率和截止频率分别为 3.1 MHz 和 5.5 MHz；通带内最大衰减为 3 dB；阻带的起始频率和截止频率分别为 3.8 MHz 和 4.8 MHz；阻带最小衰减为 20 dB。

解：（1）确定模拟带阻滤波器的几何对称性。

$$\Omega_{p1}\Omega_{p2}=2\pi\times3.1\times10^6\times2\pi\times5.5\times10^6=4\pi^2\times17.05\times10^{12}=6.7310\times10^{14}$$

$$\Omega_{s1}\Omega_{s2}=2\pi\times3.8\times10^6\times2\pi\times4.8\times10^6=4\pi^2\times18.24\times10^{12}=7.2009\times10^{14}$$

因为 $\Omega_{p1}\Omega_{p2}\neq\Omega_{s1}\Omega_{s2}$，所以为非几何对称。由于设计的是带阻滤波器，因此需要调整带阻滤波器的通带起始频率或截止频率。

$$\overline{\Omega}_{p1}=\frac{\Omega_{s1}\Omega_{s2}}{\Omega_{p2}}=\frac{2\pi\times3.8\times10^6\times2\pi\times4.8\times10^6}{2\pi\times5.5\times10^6}=2\pi\times3.3\times10^6\ \text{rad/s}>\Omega_{p1}$$

用 $\overline{\Omega}_{p1}$ 值代替 Ω_{p1}，即 $\Omega_{p1}=\overline{\Omega}_{p1}=2\pi\times3.3\ \text{Mrad/s}=6.6\pi\ \text{Mrad/s}$。

（2）确定归一化模拟原型低通滤波器的技术指标。

根据表 4.2 中的变换关系式，将上述所给的带阻滤波器的指标要求转化为相应的归一化技术指标，有

$$\lambda_p=1$$

$$\lambda_s=\frac{\Omega_{p2}-\overline{\Omega}_{p1}}{\Omega_{s2}-\Omega_{s1}}=\frac{2\pi\times5.5\times10^6-2\pi\times3.3\times10^6}{2\pi\times4.8\times10^6-2\pi\times3.8\times10^6}=2.2$$

（3）求归一化模拟原型低通滤波器的系统函数 $H_{LP}(p)$。

此时可以采用查表法或计算法来设计归一化模拟原型低通滤波器，这里采用计算法。由式（4.10）确定最小的滤波器阶数，得

$$N\geqslant\frac{\lg\frac{10^{0.1A_s}-1}{10^{0.1A_p}-1}}{2\lg\frac{\lambda_s}{\lambda_p}}=\frac{\lg(10^{0.1\times20}-1)}{2\lg2.2}=2.91$$

故取 $N=3$。

N 确定后可以直接通过查表 4.1 获得归一化模拟原型低通滤波器系统函数的分母多项式，或者通过计算法计算模拟原型低通滤波器的归一化极点 p_k：

$$p_k=e^{j\frac{\pi}{2}}e^{j\frac{\pi}{2}\cdot\frac{2k+1}{N}},\quad k=0,1,2$$

$$p_0=e^{j(\frac{\pi}{2}+\frac{\pi}{6})}=-0.5000+0.8660j$$

$$p_1=e^{j(\frac{\pi}{2}+\frac{3\pi}{6})}=-1.0000+0.0000j$$

$$p_2=e^{j(\frac{\pi}{2}+\frac{5\pi}{6})}=-0.5000-0.8660j$$

因此，归一化模拟原型低通滤波器的系统函数 $H_{LP}(p)$ 为

$$H_{LP}(p)=\frac{1}{(p-p_0)(p-p_1)(p-p_2)}=\frac{1}{(p+1)(p^2+p+1)}=\frac{1}{p^3+2p^2+2p+1}$$

（4）通过模拟频率变换法将 $H_{LP}(p)$ 变换为所要求的巴特沃思模拟带阻滤波器的系统函数 $H_{BS}(s)$。

$$B = \Omega_{p2} - \Omega_{p1} = 2\pi \times 2.2 \times 10^6 \ \text{rad/s}$$
$$\Omega_0 = 2\pi \times 4.27 \times 10^6 \ \text{rad/s}$$

注意:在本书中,无论是带通滤波器还是带阻滤波器,通带带宽均采用通带的上、下边缘频率之差来计算,即 $B = \Omega_{p2} - \Omega_{p1}$。根据表 4.2 中的变换关系式,把归一化模拟原型低通滤波器变成所要求的巴特沃思模拟带阻滤波器的系统函数 $H_{BS}(s)$:

$$H_{BS}(s)$$
$$= H_{LP}(p) \Big|_{p = \frac{Bs}{s^2 + \Omega_0^2}}$$
$$= \frac{s^6 + 2.160\ 3 \times 10^{15} s^4 + 1.555\ 6 \times 10^{30} s^2 + 3.733\ 9 \times 10^{44}}{s^6 + 2.764\ 6 \times 10^7 s^5 + 2.542\ 4 \times 10^{15} s^4 + 4.245\ 6 \times 10^{22} s^3 + 1.830\ 8 \times 10^{30} s^2 + 1.433\ 5 \times 10^{37} s + 3.733\ 9 \times 10^{44}}$$

4.4　冲激响应不变法

通过模拟频率变换法能够获得所需要的 4 种类型的模拟滤波器的系统函数 $H_a(s)$,然而,本章的最终目的是设计 IIR 数字滤波器的系统函数 $H(z)$,因此需要将模拟滤波器数字化,即将模拟域的系统函数 $H_a(s)$ 转换为数字域的系统函数 $H(z)$,这种转换关系需满足以下两个条件,以确保数字滤波器的频率响应逼近模拟滤波器的频率响应。

模拟滤波器的
数字仿真

(1) 保持转换前后滤波器的因果稳定性,即将 S 平面的左半平面映射到 Z 平面的单位圆内。

(2) 保持频率特性不变,即将 S 平面的虚轴映射为 Z 平面的单位圆。

典型的模数变换方法有冲激响应不变法和双线性变换法。基于冲激响应不变准则导出的模数变换方法称为冲激响应不变法,本节将详细讨论这一准则及其应用,即依据模拟滤波器的系统函数 $H_a(s)$ 求出数字滤波器的系统函数 $H(z)$ 的方法、该方法中 Z 平面与 S 平面的映射关系以及冲激响应不变法的优缺点。4.5 节将介绍双线性变换法。

1. 冲激响应不变准则

冲激响应不变准则是指将模拟滤波器的单位冲激响应 $h_a(t)$ 进行等间隔取样,得到数字滤波器的单位冲激响应 $h(n)$,即

$$h(n) = T h_a(t) \big|_{t = nT} = T h_a(nT) \tag{4.23}$$

其中,T 为取样间隔。已知模拟滤波器的系统函数为 $H_a(s)$,通过式(4.23)将其转换为数字滤波器的系统函数 $H(z)$,即 $H_a(s) \xrightarrow{h(n) = T h_a(nT)} H(z)$,该过程主要包括以下 3 个步骤:

(1) 对 $H_a(s)$ 进行拉普拉斯反变换,得到 $h_a(t)$;

(2) 运用冲激响应不变准则,得到数字域的单位冲激响应 $h(n) = T h_a(nT)$;

(3) 对 $h(n)$ 进行 Z 变换,得到 $H(z)$。

具体地,一个模拟滤波器的系统函数通常表示为

$$H_a(s) = \frac{\sum_{i=0}^{M} a_i s^i}{\sum_{i=0}^{N} b_i s^i} = A \frac{\prod_{i=1}^{M}(s - s_{qi})}{\prod_{i=1}^{N}(s - s_{pi})} \tag{4.24}$$

假设分母中 s 的幂次高于分子，即 $M < N$，借助于部分分式分解法可将式(4.24)重写为

$$H_a(s) = \sum_{i=1}^{N} \frac{A_i}{s - s_i} \tag{4.25}$$

对 $H_a(s)$ 两边进行拉普拉斯反变换，得到模拟滤波器的单位冲激响应：

$$h_a(t) = L^{-1}[H_a(s)] = \sum_{i=1}^{N} A_i e^{s_i t} u(t) \tag{4.26}$$

根据冲激响应不变准则，可得

$$h(n) = T h_a(nT) = T \sum_{i=1}^{N} A_i e^{s_i nT} u(nT) \tag{4.27}$$

对式(4.27)两边进行 Z 变换，可以得到数字滤波器的系统函数：

$$\begin{aligned}
H(z) &= \sum_{n=-\infty}^{\infty} h(n) z^{-n} = \sum_{n=-\infty}^{\infty} T \sum_{i=1}^{N} A_i e^{s_i nT} u(nT) z^{-n} \\
&= T \sum_{i=1}^{N} A_i \sum_{n=-\infty}^{\infty} e^{s_i nT} u(nT) z^{-n} = T \sum_{i=1}^{N} A_i \sum_{n=0}^{\infty} (e^{s_i T} z^{-1})^n \\
&= T \sum_{i=1}^{N} \frac{A_i}{1 - e^{s_i T} z^{-1}} \tag{4.28}
\end{aligned}$$

可以看到，$H(z)$ 是部分分式展开的形式，因此，只要将模拟滤波器的 $H_a(s)$ 分解为部分分式之和，就能得到对应的数字滤波器的系统函数 $H(z)$，这种关系为

$$H(z) = Z\left\{ T \cdot \left[\underbrace{(L^{-1}[H_a(s)])}_{h_a(t)} \sum_{n=-\infty}^{\infty} \delta(t - nT) \right] \right\} \tag{4.29}$$

2. S 平面和 Z 平面的映射关系

冲激响应不变准则表明：

(1) $H(z)$ 中的部分分式系数 A_i 与 $H_a(s)$ 中的部分分式系数相同；

(2) $H(z)$ 的极点 $e^{s_i T}$ 与 $H_a(s)$ 的点 s_i 一一对应，即 S 平面上的极点 s_i 被映射到 Z 平面上的极点 $e^{s_i T}$。

模数变换反映了 S 平面的极点 s_i 与 Z 平面的极点 z_i 间的相互对应关系：$z_i = e^{s_i T}$。实际上，这种映射关系不仅限于极点，还可以推广到整个 S 平面和 Z 平面，即

$$z = e^{sT} \tag{4.30}$$

令 $z = re^{j\omega}$，$s = \sigma + j\Omega$，由式(4.30)得

$$re^{j\omega} = e^{\sigma T} e^{j\Omega T}$$

故有

$$r = e^{\sigma T}, \quad \omega = \Omega T \tag{4.31}$$

其中：ω 是数字角频率，是复变量 z 的辐角；Ω 是模拟角频率，也是复变量 s 的虚部。式(4.31)体现了 Z 平面上任意一点的幅度、辐角与 S 平面的实部、虚部之间的映射关系。图4.8给出了冲激响应不变法中 S 平面与 Z 平面的映射关系。

(1) 当 $\sigma = 0$ 时，此时 $r = 1$，即 S 平面上的虚轴映射为 Z 平面上的单位圆

实际上，S 平面虚轴上的拉普拉斯变换就是连续时间傅里叶变换，表示模拟滤波器的频率响应，而 Z 平面单位圆上的 Z 变换就是离散时间傅里叶变换，表示数字滤波器的频率响应。因此，S 平面上的虚轴映射为 Z 平面的单位圆，保证了频率响应在模拟域和数字域的一

致性。

（2）当 $\sigma < 0$ 时，此时 $r < 1$，即 S 平面的左半平面映射到了 Z 平面的单位圆内

当模拟滤波器的系统函数 $H_a(s)$ 的极点都在 S 平面的左半平面时，模拟系统是稳定的，此时对应的数字滤波器的系统函数 $H(z)$ 的极点都位于 Z 平面的单位圆内，确保了数字滤波器的稳定性。

（3）当 $\sigma > 0$ 时，此时 $r > 1$，即 S 平面的右半平面映射到了 Z 平面的单位圆外

此时，模拟系统和数字系统都不稳定。

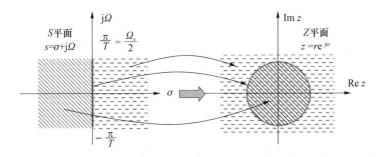

图 4.8　冲激响应不变法中 S 平面与 Z 平面的映射关系

对冲激响应不变准则进行频域分析。首先，根据时域取样定理可知，$h_a(nT)$ 的频谱是 $h_a(t)$ 频谱 $H_a(j\Omega)$ 的周期延拓；其次，由于 $h(n) = Th_a(nT)$，因此，$h(n)$ 的频谱 $H(e^{j\Omega T})$ 为

$$H(e^{j\Omega T}) = T\left(\frac{1}{T}\sum_{n=-\infty}^{\infty} H_a[j(\Omega - n\Omega_s)]\right) = \sum_{n=-\infty}^{\infty} H_a[j(\Omega - n\Omega_s)] \tag{4.32}$$

图 4.9 显示了 $H(e^{j\Omega T})$ 和 $H_a(j\Omega)$ 的关系。

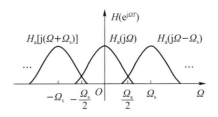

图 4.9　模拟滤波器频率响应的周期延拓

由图 4.9 可以看出如下内容。

（1）如果模拟滤波器满足带限条件，即

$$H_a(j\Omega) = 0, \quad |\Omega| > \frac{\Omega_s}{2} = \frac{\pi}{T} \tag{4.33}$$

则当 $|\Omega| < \frac{\Omega_s}{2} = \frac{\pi}{T}$ 时，数字滤波器的频率响应为

$$H(e^{j\Omega T}) = H(e^{j\omega}) = H_a(j\Omega) \tag{4.34}$$

（2）如果 $H_a(j\Omega)$ 被限制在一个周期以内，即在 $-\frac{\Omega_s}{2} \sim \frac{\Omega_s}{2}$ 之间，则 $H(e^{j\Omega T})$ 在此区间内与 $H_a(j\Omega)$ 完全一致。相反的，如果 $H_a(j\Omega)$ 不限带，则 $H(e^{j\Omega T})$ 将产生混叠失真。

综上，结合时域和频域分析，可以得到如下结论：若有一个单位冲激响应为 $h_a(t)$、频率

响应为 $H_a(j\Omega)$ 的模拟滤波器,且当 $\Omega > \Omega_m$ 时,$H_a(j\Omega) = 0$,则可以得到一个与之仿真(性能相当)的数字滤波器,它的单位冲激响应为 $h(n) = Th_a(nT)$,这里取样周期 T 应满足取样定理,即 $\frac{\pi}{T} = \frac{\Omega_s}{2} \geqslant \Omega_m$,此数字滤波器的频率响应 $H(e^{j\omega})$ 是 $H_a(j\Omega)$ 的周期延拓,且在 $-\frac{\Omega_s}{2} \sim \frac{\Omega_s}{2}$ 内与 $H_a(j\Omega)$ 完全一致。

需要指出的是,如式(4.31)所示,ω 与 Ω 是线性关系。当 ω 在区间 $[-\pi, \pi]$ 变化时,即在 Z 平面单位圆上变化一个周期时,对应的 Ω 值在 S 平面的虚轴上从 $-\frac{\pi}{T}$ 变化到 $\frac{\pi}{T}$,也为一个周期。实际上,不但 S 平面虚轴上的 $\left(-\frac{\pi}{T}, \frac{\pi}{T}\right)$ 这一段映射为 Z 平面上完整的一个单位圆($-\pi \sim \pi$),而且其他长度为 $\frac{2\pi}{T}$ 的各段 $\left(如 -\frac{3\pi}{T} \sim -\frac{\pi}{T}、\frac{\pi}{T} \sim \frac{3\pi}{T}\right)$ 也会映射到单位圆上且周期性重复。因此,为了避免设计出的数字滤波器在频域出现混叠失真,必须要求 $H_a(j\Omega)$ 在 $\left(-\frac{\pi}{T}, \frac{\pi}{T}\right)$ 内严格限带。

3. 利用冲激响应不变法设计 IIR 数字低通滤波器

对于给定数字低通滤波器的技术指标 ω_p、ω_s、A_p 和 A_s,采用冲激响应不变法设计 IIR 数字滤波器的过程如下。

(1)确定取样间隔 T,计算模拟频率:

$$\Omega_p = \frac{\omega_p}{T}$$

$$\Omega_s = \frac{\omega_s}{T}$$

(2)根据获得的技术指标 Ω_p、Ω_s、A_p、A_s,设计模拟原型低通滤波器 $H_a(s)$。

(3)利用部分分式展开,把 $H_a(s)$ 展开为

$$H_a(s) = \sum_{i=1}^{N} \frac{A_i}{s - s_i}$$

其中,N 为极点的个数。

(4)把模拟域的极点 $\{s_i\}$ 转换成数字域的极点 $\{e^{s_i T}\}$,得到数字滤波器的系统函数 $H(z)$:

$$H(z) = T \sum_{i=1}^{N} \frac{A_i}{1 - e^{s_i T} z^{-1}}$$

【例 4.4】 设 $h_a(t)$ 表示一模拟滤波器的单位冲激响应,用冲激响应不变法将此模拟滤波器转化成数字滤波器。

$$h_a(t) = \begin{cases} e^{-0.9t}, & t \geqslant 0 \\ 0, & t < 0 \end{cases}$$

解:模拟滤波器系统函数为

$$H_a(s) = \int_0^\infty e^{-0.9t} e^{-st} dt = \frac{1}{s + 0.9}$$

$H_a(s)$ 的极点为 $s_1 = -0.9$,则数字滤波器的系统函数为

$$H(z) = T \frac{1}{1 - e^{s_1 T} z^{-1}} = \frac{T}{1 - e^{-0.9T} z^{-1}}$$

$H(z)$的极点为

$$z_1 = \mathrm{e}^{-0.9T}, \qquad |z_1| = \mathrm{e}^{-0.9T}$$

所以,$T>0$ 时,$|z_1|<1$,$H(z)$满足稳定条件。当 $T=1$ 和 $T=0.5$ 时,$|H(\mathrm{e}^{\mathrm{j}\omega})|$曲线分别如图 4.10 中的两条实线所示。可见,该数字滤波器近似为低通滤波器。且 T 越小,滤波器频率混叠越少,滤波特性越好(即选择性越好)。反之,T 越大,极点 $z_1 = \mathrm{e}^{-0.9T}$ 离单位圆越远,在 $\omega = \pi$ 附近衰减越小,而且频率混叠越严重,使数字滤波器频响特性不能模拟原模拟滤波器的频响特性。

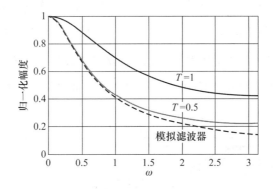

图 4.10 不同取样间隔的幅频响应对比

【**例 4.5**】利用冲激响应不变法设计一个巴特沃思数字低通滤波器,通带截止频率为 750 Hz,通带内衰减不大于 3 dB,阻带最低频率为 1 600 Hz,阻带内衰减不小于 7 dB,$T = \dfrac{1}{4\,000}$ s。

解:(1) 获得模拟滤波器的技术指标:

$$\Omega_{\mathrm{p}} = 2\pi f_{\mathrm{p}} = 1\,500\pi, \quad A_{\mathrm{p}} = 3 \text{ dB}$$

$$\Omega_{\mathrm{s}} = 2\pi f_{\mathrm{s}} = 3\,200\pi, \quad A_{\mathrm{s}} = 7 \text{ dB}$$

(2) 计算 N:由式(4.10)得

$$N \geqslant \frac{\lg \dfrac{10^{0.1A_{\mathrm{s}}} - 1}{10^{0.1A_{\mathrm{p}}} - 1}}{2\lg \dfrac{\Omega_{\mathrm{s}}}{\Omega_{\mathrm{p}}}} = \frac{\lg(10^{0.1 \times 7} - 1)}{2\lg 2.13} = 0.917$$

故取 $N=1$。

(3) 通过查表法或者计算法求出归一化模拟模型低通滤波器的系统函数 $H(p)$。由于 $N=1$,因此归一化模拟原型低通滤波器的系统函数为

$$H(p) = \frac{1}{p+1}$$

(4) 反归一化得到 $H(s)$:

$$H(s) = H(p) \Big|_{p = \frac{s}{\Omega_{\mathrm{p}}}} = \frac{\Omega_{\mathrm{p}}^N}{\displaystyle\prod_{k=0}^{N-1}(s - p_k \Omega_{\mathrm{p}})} = \frac{\Omega_{\mathrm{p}}}{s + \Omega_{\mathrm{p}}} = \frac{1\,500\pi}{s + 1\,500\pi}$$

(5) 根据冲激响应不变法将 $H(s)$转换成 $H(z)$:

$$H(z) = T\frac{A_i}{1 - \mathrm{e}^{s_i T} z^{-1}} = \frac{T\Omega_{\mathrm{p}}}{1 - \mathrm{e}^{-\Omega_{\mathrm{p}} T} z^{-1}} = \frac{1\,500\pi T}{1 - \mathrm{e}^{-1\,500\pi T} z^{-1}}$$

分别求得模拟滤波器和数字滤波器的幅频响应:

$$|H(\mathrm{j}\Omega)| = \frac{1}{\sqrt{\left(\dfrac{\Omega}{1\,500\pi}\right)^2 + 1}}$$

$$|H(\mathrm{e}^{\mathrm{j}w})| = \frac{1\,500\pi T}{\sqrt{1 - 2\cos\omega\mathrm{e}^{-1\,500\pi T} + \mathrm{e}^{-3\,000\pi T}}}$$

模拟滤波器和不同取样间隔对应的数字滤波器的幅频响应曲线如图 4.11 所示,通过比较可以看出:当取样间隔 $T = \dfrac{1}{4\,000}$ s 时,模拟和数字滤波器的幅频特性曲线在较低频率时就明显不同,这是因为取样间隔 T 太大,产生了较大的混叠失真。当取样间隔 T 减小到 $\dfrac{1}{16\,000}$ 时,两者的幅频特性曲线基本重合,说明数字滤波器的 $|H(\mathrm{e}^{\mathrm{j}w})|$ 对模拟滤波器的 $|H(\mathrm{j}\Omega)|$ 的逼近越来越好。可见,对于数字低通滤波器的设计,当 T 足够小时,冲激响应不变法可获得满意的结果。

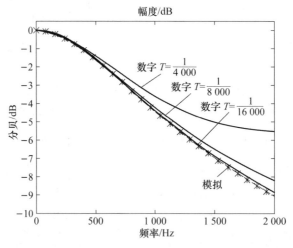

图 4.11　模拟滤波器和数字滤波器的幅频响应曲线

综上,冲激响应不变法具有下述特点:

(1) 根据 $h(n) = Th_{\mathrm{a}}(nT)$ 设计准则,从时域完成模数转换;

(2) 数字角频率 ω 和模拟角频率 Ω 始终是线性关系,即 $\omega = \Omega T$,不存在频率失真;

(3) $H(\mathrm{e}^{\mathrm{j}w})$ 是 $H_{\mathrm{a}}(\mathrm{j}\Omega)$ 的周期延拓,因此,为了避免频谱混叠,要求 $H_{\mathrm{a}}(\mathrm{j}\Omega)$ 在 $\left(-\dfrac{\pi}{T}, \dfrac{\pi}{T}\right)$ 上严格限带,若不限带或取样频率不够高,那么 $H(\mathrm{e}^{\mathrm{j}w})$ 将发生混叠失真;

(4) 正因为 $H_{\mathrm{a}}(\mathrm{j}\Omega)$ 需严格限带,所以冲激响应不变法只适合频率响应在高频处单调递减的模拟原型滤波器(如低通和带通滤波器),不能用于设计高通、带阻滤波器。

4.5　双线性变换法

为了解决基于冲激响应不变法设计数字滤波器会产生混叠失真的问题,可以首先将非带限的模拟滤波器映射为最高频率为 $\dfrac{\pi}{T}$ 的带限滤波器,随后将该模拟滤波器转换为数字滤波器,双线性变换法就采用了上述思路。

1. 双线性变换法的基本思想

双线性变换法的基本思想如图 4.12 所示,包括两个关联的环节。

步骤 1:利用一非线性单值映射 $\Omega = A\tan\dfrac{\Omega_1 T}{2}$,将 S 平面的整个虚轴 $\mathrm{j}\Omega$ 压缩到 S_1 平面的虚轴 $\mathrm{j}\Omega_1$ 的 $\pm\dfrac{\pi}{T}$ 之间。

步骤 2:构造从 S_1 平面到 Z 平面的单值映射 $\omega = \Omega_1 T$。

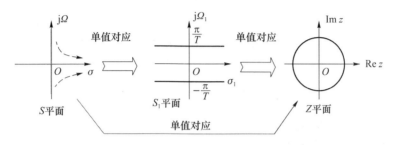

图 4.12　双线性变换法的基本思想

事实上,上述两个步骤很容易合并成一个非线性映射过程:

$$\omega = 2\arctan\frac{\Omega T}{2} \qquad (4.35)$$

或

$$\Omega = \frac{2}{T}\tan\frac{\omega}{2} \qquad (4.36)$$

双线性变换法
的推导

在双线性变换法中,Ω 与 ω 的关系如图 4.13 所示,可以看到两者是非线性关系,这一现象称为频率畸变。当数字频率 ω 由 $-\pi$ 向 π 变化时,模拟频率 Ω 由 $-\infty$ 向 $+\infty$ 变化,这表明,S 平面的整个虚轴只映射到 Z 平面单位圆的一个周期,Ω 与 ω 是单值对应的。因此,采用双线性变换法设计的数字滤波器不存在频谱混叠失真,克服了冲激响应不变法对输入信号严格限带的约束,可以用来设计数字低通、高通、带通、带阻滤波器。

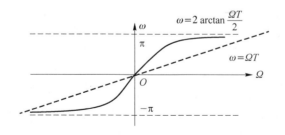

图 4.13　双线性变换中 ω 和 Ω 的非线性关系

式(4.36)可以进一步推导为

$$\mathrm{j}\Omega = \mathrm{j}\frac{2}{T}\tan\frac{\omega}{2} = \mathrm{j}\frac{2}{T}\cdot\frac{\sin\frac{\omega}{2}}{\cos\frac{\omega}{2}} = \frac{2}{T}\frac{\mathrm{e}^{\mathrm{j}\frac{\omega}{2}} - \mathrm{e}^{-\mathrm{j}\frac{\omega}{2}}}{\mathrm{e}^{\mathrm{j}\frac{\omega}{2}} + \mathrm{e}^{-\mathrm{j}\frac{\omega}{2}}} = \frac{2}{T}\cdot\frac{1 - \mathrm{e}^{-\mathrm{j}\omega}}{1 + \mathrm{e}^{-\mathrm{j}\omega}} \qquad (4.37)$$

为了确保变换前后频率响应的一致性,令 $s=\mathrm{j}\Omega$,$z=\mathrm{e}^{\mathrm{j}\omega}$,根据式(4.37)容易建立起从 S 平面到 Z 平面的映射关系:

$$s=\frac{2}{T}\cdot\frac{1-z^{-1}}{1+z^{-1}}=\frac{2}{T}\cdot\frac{z-1}{z+1} \tag{4.38}$$

或者

$$z=\frac{\dfrac{2}{T}+s}{\dfrac{2}{T}-s} \tag{4.39}$$

式(4.38)和式(4.39)表明,s 和 z 可以相互线性表示,因此称为双线性变换。

将式(4.38)直接替换模拟滤波器中的所有 s,就能获得性能相近的数字滤波器的系统函数 $H(z)$,即

$$H(z)=H_{\mathrm{a}}(s)\Big|_{s=\frac{2}{T}\cdot\frac{1-z^{-1}}{1+z^{-1}}} \tag{4.40}$$

2. S 平面与 Z 平面的映射关系

与冲激响应不变法类似,设 $s=\sigma+\mathrm{j}\Omega$,$z=r\mathrm{e}^{\mathrm{j}\omega}$,根据式(4.39)可得

$$r=\left[\frac{\left(\dfrac{2}{T}+\sigma\right)^{2}+\Omega^{2}}{\left(\dfrac{2}{T}-\sigma\right)^{2}+\Omega^{2}}\right]^{\frac{1}{2}} \tag{4.41}$$

$$\omega=\arctan\frac{\Omega}{\dfrac{2}{T}+\sigma}+\arctan\frac{\Omega}{\dfrac{2}{T}-\sigma} \tag{4.42}$$

式(4.41)表明了 S 平面与 Z 平面的映射关系,如表 4.3 所示。式(4.42)表明数字频率 ω 和模拟频率 Ω 是非线性关系。

表 4.3　双线性变换法中 S 平面和 Z 平面的映射关系

S 平面	Z 平面
$\sigma>0$,右半平面,不稳定	$r>1$,单位圆外,不稳定
$\sigma=0$,虚轴,临界	$r=1$,单位圆上,临界
$\sigma<0$,左半平面,稳定	$r<1$,单位圆内,稳定

上述映射关系表明,一个因果稳定的模拟系统经过双线性变换法后依然是一个因果稳定的数字系统,并且不会存在频谱混叠现象,因而适用于任何类型的数字滤波器的设计,但会产生图 4.13 所示的由频率非线性导致的相位特性失真。从某种意义上说,双线性变换法以相频特性的失真为代价避免了幅频特性的混叠失真。

3. 双线性变换法中的频率预畸变

图 4.13 和式(4.42)表明,双线性变换改变了数字频率 ω 和模拟频率 Ω 之间固有的线性关系 $\omega=\Omega T$,引起了频率的非线性失真(频率畸变)。

在式(4.35)中,通过改变取样间隔 T 可以调节频率的畸变程度。当数字频率 ω 较小时,即 $\omega\ll\pi$ 时,$\omega=2\arctan\dfrac{\Omega T}{2}\approx\Omega T$,数字频率 ω 和模拟频率 Ω 近似线性,此时数字滤波器

和模拟滤波器在低频处的幅频响应近似。但当 ω 较大时,非线性就非常突出,此时得到的数字滤波器与模拟滤波器在性能上将存在明显差异。以低通滤波器为例,对于幅频特性为分段常数的模拟滤波器,其经过双线性变换后得到的数字滤波器的幅频特性也是分段常数,但各分段的边缘频率点发生了畸变,如图 4.14 所示。对于这种固有的频率畸变,如果预先进行校正(即频率预畸变),则可以使双线性变换后的边缘频率正好映射到所需的频率上。利用式(4.36)就能完成频率预畸变。

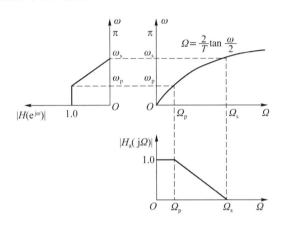

图 4.14　双线性变换下模拟滤波器和数字滤波器的幅频响应关系

4. 双线性变换法的实现步骤

采用双线性变换法时,在设计过程中必须先进行频率预畸变。以数字低通滤波器的设计为例,对于给定的技术指标 ω_p、ω_s、A_p 和 A_s,采用双线性变换法设计数字滤波器的步骤如下。

(1) 确定数字滤波器的技术指标 ω_p、ω_s、A_p 和 A_s,或者以模拟频率(Hz)表示的 f_p、f_{stop}、A_p 和 A_s。

(2) 计算预畸变模拟频率,以避免双线性变换带来的失真,即根据 $\Omega = \frac{2}{T}\tan\frac{\omega}{2}$ 求得修正后的模拟角频率 Ω_s、Ω_p。

(3) 根据 Ω_s、Ω_p、A_p、A_s 设计模拟原型低通滤波器,得到其系统函数 $H_a(s)$。

(4) 利用双线性变换法得到数字滤波器的系统函数 $H(z) = H_a(s)\Big|_{s=\frac{2}{T}\cdot\frac{1-z^{-1}}{1+z^{-1}}}$

对于双线性变换法,另有两点说明。

(1) 数字滤波器的技术指标既可以用数字角频率 ω_s、ω_p 描述,又可以用模拟频率 f_{stop}、f_p 表示,此时需用公式 $\omega = T\Omega = \frac{2\pi f}{f_s}$ 把以 Hz 为单位的 f_{stop} 和 f_p 转换为以弧度为单位的数字域指标 ω_s 和 ω_p。

(2) 数字角频率和模拟角频率是恒定的线性关系,即 $\omega = T\Omega$,只是采用双线性变换这一方法会引入频率畸变,需要进行预畸变处理,这是两个不同的概念。

【例 4.6】 设计一个一阶巴特沃思数字低通滤波器,通带上限频率为 $f_p = 300$ Hz,通带最大衰减为 $A_p = 3$ dB,取样频率为 $f_s = 1\,500$ Hz。

解: (1) 获得数字低通滤波器的技术指标 ω_p:

$$\omega_p = \Omega T = 2\pi f_p T = \frac{2\pi f_p}{f_s} = 0.4\pi \text{ rad}$$

（2）进行频率预畸变，将 ω_p 转换为 Ω_p：

$$\Omega_p = \frac{2}{T}\tan\frac{\omega_p}{2} = 2\,180 \text{ rad/s}$$

即设计的模拟原型低通滤波器 3 dB 处的通带上限频率实际为

$$f_{AP} = \frac{\Omega_p}{2\pi} = 347 \text{ Hz}$$

（3）求模拟原型低通滤波器的系统函数：

$$H_a(s) = \frac{\Omega_p}{s+\Omega_p} = \frac{2\,180}{s+2\,180}$$

（4）用双线性变换法求数字滤波器的系统函数：

$$H(z) = H_a(s)\bigg|_{s=\frac{2}{T}\cdot\frac{1-z^{-1}}{1+z^{-1}}} = \frac{0.421(z+1)}{z-0.158\,3}$$

接下来做一个比较，如果不进行频率预畸变处理，此时设计的模拟原型低通滤波器的通带边缘频率为 $\Omega_p = \frac{\omega_p}{T} = 2\pi f_p = 600\pi$ rad/s，一阶巴特沃思模拟低通滤波器的系统函数为

$$H_a(s) = \frac{\Omega_p}{s+\Omega_p} = \frac{1\,885}{s+1\,885}$$

于是

$$H(z) = H_a(s)\bigg|_{s=\frac{2}{T}\cdot\frac{1-z^{-1}}{1+z^{-1}}} = \frac{0.386(z+1)}{z-0.228}$$

即便不进行频率预畸变，采用双线性变换法也能够获得数字低通滤波器，但技术指标却不满足要求。具体来说，对于未进行频率预畸变处理而设计的模拟滤波器，对应的数字滤波器的通带上限频率为 $\omega_p = 2\arctan\frac{\Omega_p T}{2} = 0.357\pi$ rad，对应的模拟频率为 $f_p = \frac{\omega_p}{T}\cdot\frac{1}{2\pi} = 268$ Hz。由此可见，若不经过频率预畸变处理，则所得到的数字滤波器的通带边缘频率低于 300 Hz，不符合技术要求。而经过频率预畸变处理，模拟滤波器是按照通带边缘频率为 347 Hz 设计的，经双线性变换后得到的数字滤波器的通带边缘频率正好为要求的 300 Hz。

从上述内容可以看出双线性变换法的一些特点。

（1）具有线性相位的模拟滤波器经双线性变换后，线性相位特性将被破坏。

（2）双线性变换法在变换前后，在窄带内能近似保持原幅频特性，即使频带拖尾，也不产生混叠。

（3）双线性变换法比冲激响应不变法简单，因 S 平面与 Z 平面之间有简单的映射关系，可从模拟系统函数直接通过代数置换得到数字滤波器的系统函数。

（4）双线性变换法是目前普遍采用的模数变换方法，它对进行变换的滤波器类型没有限制，能直接用于低通、高通、带通和带阻等不同类型的数字滤波器设计。

4.6 IIR 数字高通、带通和带阻滤波器的设计

IIR 数字滤波器的一般设计思路是先进行模拟原型低通滤波器的设计,然后利用两种方法实现数字滤波器的设计。

(1)先将模拟原型低通滤波器从 S 平面变换到 Z 平面,即实现模拟滤波器的数字化,获得数字低通滤波器;之后在 Z 平面进行频率变换,得到所需要的数字滤波器的系统函数。该方法称为数字频率变换法。

(2)先在 S 平面进行模拟频率变换,得到所需要类型的模拟滤波器,再进行数字化,即从 S 平面变换到 Z 平面,得到最终所需的数字滤波器。

本节只介绍第 2 种基于模拟频率变换的方法。需再次强调的是,如果采用冲激响应不变法进行模数变换,则不能用来设计高通和带阻滤波器,因此,在数字滤波器的频率变换中一般采用双线性变换法。

图 4.15 给出了基于模拟频率变换的 IIR 数字滤波器的设计流程,步骤如下。

(1)在确定数字滤波器技术指标后,利用频率预畸变公式 $\Omega = \dfrac{2}{T} \tan \dfrac{\omega}{2}$ 将所要求的数字滤波器的数字域指标转换为模拟滤波器的技术指标。若是带通或带阻滤波器,需考察几何对称性。

(2)根据表 4.2 第 2 列公式,将对应类型模拟滤波器的技术指标转换成模拟原型低通滤波器的技术指标,并设计模拟原型低通滤波器的系统函数 $H_{\mathrm{LP}}(p)$。

数字频率变换法

(3)根据表 4.2 第 3 列公式,利用模拟频率变换公式将模拟原型低通滤波器的系统函数 $H_{\mathrm{LP}}(p)$ 转换为所需模拟滤波器的系统函数 $H_{\mathrm{d}}(s)$。

(4)利用双线性变换法将 $H_{\mathrm{d}}(s)$ 数字化,得到数字滤波器的系统函数 $H_{\mathrm{d}}(z) = H_{\mathrm{d}}(s)\Big|_{s=\frac{2}{T}\cdot\frac{1-z^{-1}}{1+z^{-1}}}$。

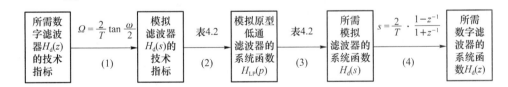

图 4.15 基于模拟频率变换的 IIR 数字滤波器的设计流程

综上,在 IIR 数字滤波器设计中,既可以采用模拟频率变换法,又可以采用数字频率变换法,虽然方法不同,但两者的目的都是设计满足 IIR 滤波器技术指标要求的系统函数 $H_{\mathrm{d}}(z)$。

【**例 4.7**】用双线性变换法设计一个巴特沃思数字带通滤波器,给定取样频率为 $f_s = 2\,000$ Hz,通带范围为 $300 \sim 400$ Hz,通带内衰减不大于 3 dB,在 200 Hz 以下和 500 Hz 以上的阻带衰减大于 18 dB。

解:首先分析数字带通滤波器的性能指标,通带和阻带的边缘频率用模拟频率表示,但

借助于取样频率可以很容易将模拟频率转换为数字角频率，即 $\omega = \Omega T = 2\pi \dfrac{f}{f_{s}}$。

$$f_{p1} = 300 \text{ Hz}$$
$$f_{p2} = 400 \text{ Hz}$$
$$f_{s1} = 200 \text{ Hz}$$
$$f_{s2} = 500 \text{ Hz}$$

给定的系统取样频率为 $f_{s} = 2\,000$ Hz，相应的数字角频率为

$$\omega_{p1} = 2\pi \times \frac{f_{p1}}{f_{s}} = 2\pi \times \frac{300}{2\,000} = 0.3\pi \text{ rad}$$

$$\omega_{p2} = 2\pi \times \frac{f_{p2}}{f_{s}} = 2\pi \times \frac{400}{2\,000} = 0.4\pi \text{ rad}$$

$$\omega_{s1} = 2\pi \times \frac{f_{s1}}{f_{s}} = 2\pi \times \frac{200}{2\,000} = 0.2\pi \text{ rad}$$

$$\omega_{s2} = 2\pi \times \frac{f_{s1}}{f_{s}} = 2\pi \times \frac{500}{2\,000} = 0.5\pi \text{ rad}$$

因为要采用双线性变换法，所以需要进行频率预畸变以获得对应模拟带通滤波器的边缘频率，即

$$\Omega_{p1} = 2f_{s}\tan\frac{\omega_{p1}}{2} = 2\,038.1 \text{ rad/s}$$

$$\Omega_{p2} = 2f_{s}\tan\frac{\omega_{p2}}{2} = 2\,906.2 \text{ rad/s}$$

$$\Omega_{s1} = 2f_{s}\tan\frac{\omega_{s1}}{2} = 1\,299.7 \text{ rad/s}$$

$$\Omega_{s2} = 2f_{s}\tan\frac{\omega_{s2}}{2} = 4\,000.0 \text{ rad/s}$$

$$B = \Omega_{p2} - \Omega_{p1} = 868.1 \text{ rad/s}$$

$$\Omega_{0}^{2} = \Omega_{p1}\Omega_{p2} = 5\,923\,126.22$$

因为 $\Omega_{p1}\Omega_{p2} \neq \Omega_{s1}\Omega_{s2}$，所以此带通滤波器几何不对称，需要调整其中一个阻带边缘频率。

$$\overline{\Omega}_{s1} = \frac{\Omega_{p1}\Omega_{p2}}{\Omega_{s2}} = 1\,480.8 \text{ rad/s} > \Omega_{s1}$$

用 $\overline{\Omega}_{s1}$ 值代替 Ω_{s1} 值。根据表 4.2，将上述带通滤波器指标转化为归一化模拟原型低通滤波器的技术指标，有

$$\lambda_{p} = 1$$

$$\lambda_{s} = \frac{\Omega_{s2} - \overline{\Omega}_{s1}}{\Omega_{p2} - \Omega_{p1}} = 2.902\,0$$

已知 $A_{p} = 3$ dB，$A_{s} = 18$ dB，所求模拟原型低通滤波器的阶数 N 为

$$N \geqslant \frac{\lg\dfrac{10^{0.1A_{s}} - 1}{10^{0.1A_{p}} - 1}}{2\lg\dfrac{\lambda_{s}}{\lambda_{p}}} = \frac{\lg\dfrac{10^{0.1 \times 18} - 1}{10^{0.1 \times 3} - 1}}{2\lg 2.902\,0} = 1.937\,6$$

故取 $N = 2$。

用查表法或计算法得到归一化模拟原型低通滤波器的系统函数：

$$H_{\text{LP}}(p) = \frac{1}{p^2 + 1.414\,213\,56p + 1}$$

根据表 4.2 将归一化模拟原型低通滤波器的系统函数变换为带通滤波器的系统函数：

$$H_{\text{BP}}(s) = H(p)\Big|_{p = \frac{s^2 + \Omega_0^2}{Bs}}$$

$$= \frac{7.536\,0 \times 10^5 s^2}{s^4 + 1.227\,7 \times 10^3 s^3 + 1.260\,0 \times 10^7 s^2 + 7.271\,7 \times 10^9 s + 3.508\,3 \times 10^{13}}$$

最后由双线性变换法求得所要求的巴特沃思数字带通滤波器的系统函数 $H(z)$：

$$H(z) = H_{\text{BP}}(s)\Big|_{s = \frac{2}{T} \cdot \frac{1 - z^{-1}}{1 + z^{-1}}} = \frac{0.021\,3 - 0.042\,6z^{-2} + 0.021\,3z^{-4}}{1 - 1.630\,3z^{-1} + 2.218\,3z^{-2} - 1.291\,9z^{-3} + 0.632\,0z^{-4}}$$

本 章 小 结

本章介绍了基于模拟原型法设计 IIR 数字滤波器的步骤和方法。本章先给出了评价模拟滤波器和数字滤波器性能的技术指标，然后详细讨论了巴特沃思模拟低通滤波器的设计流程、基于模拟频率变换法设计其他类型模拟滤波器的方法，强调了设计模拟带通和模拟带阻滤波器时需进行几何对称性的调整。针对模拟滤波器的数字化问题，本章分别介绍了冲激响应不变法、双线性变换法和频率预畸变策略，比较了冲激响应不变法和双线性变换法的优点和缺点。最后，本章给出了完整的 IIR 数字滤波器的设计流程。本章的重要知识点如下：

(1) 数字滤波器的技术指标；
(2) 巴特沃思模拟低通滤波器的设计；
(3) 归一化系统函数 $H_{\text{LP}}(p)$；
(4) 模拟频率变换；
(5) 模拟带通和带阻滤波器的几何对称性；
(6) 冲激响应不变法；
(7) 双线性变换法；
(8) 频率预畸变策略。

习 题

4.1　根据给定的模拟滤波器的幅度响应平方 $|H(\text{j}\Omega)|^2 = \dfrac{16}{(1 + 9\Omega^2)(1 - 9\Omega^2)}$，确定其系统函数 $H(s)$。

4.2　设计一个巴特沃思模拟低通滤波器，给定的技术要求如下：通带最高频率为 $f_{\text{p}} = 2\,\text{kHz}$；通带衰减为 3 dB；阻带起始频率为 $f_{\text{stop}} = 8\,\text{kHz}$；阻带内衰减要不小于 30 dB。

4.3　设计一个巴特沃思模拟低通滤波器，给定的技术要求如下：通带最高频率为 $f_{\text{p}} = 5\,\text{kHz}$；通带衰减为 2 dB；阻带起始频率为 $f_{\text{stop}} = 12\,\text{kHz}$；阻带内衰减要不小于 30 dB。

4.4　设计一个满足下面指标要求的巴特沃思模拟高通滤波器:通带边缘频率为 $f_p=$ 2 kHz;通带衰减为 3 dB;阻带边缘频率为 $f_{stop}=500$ Hz;阻带衰减为 20 dB;取样频率为 8 kHz。

4.5　假设某模拟滤波器 $H_a(s)$ 是一个低通滤波器,又已知 $H(z)=H_a(s)\big|_{s=\frac{z+1}{z-1}}$,则数字滤波器 $H(z)$ 的通带中心位于下面哪种情况? 并说明原因。

（1）$\omega=0$(低通);

（2）$\omega=\pi$(高通);

（3）除 0 或 π 以外的某一频率(带通);

4.6　一个线性时不变因果系统由下列差分方程描述:$y(n)=x(n)-x(n-1)-0.5y(n-1)$。

（1）求其系统函数 $H(z)$,判断该系统属于 FIR 数字滤波器和 IIR 数字滤波器中的哪一类以及它的滤波特性;

（2）若输入为 $x(n)=2\cos 0.5\pi n+5(n\geqslant 0)$,求系统稳态输出的最大幅度。

4.7　图 4.16 所示的是由 RC 组成的模拟滤波器,写出其系统函数 $H_a(s)$,并选用一种合适的转换方法将模拟滤波器 $H_a(s)$ 转化成数字滤波器 $H(z)$,最后画出网络结构图。

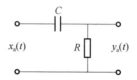

图 4.16　由 RC 组成的模拟滤波器

4.8　用冲激响应不变法将下列 $H(s)$ 转换为 $H(z)$,取样周期为 $T=2$。

（1）$H(s)=\dfrac{1.5s+4}{s^2+5s+6}$;（2）$H(s)=\dfrac{s+3}{s^2+6s+45}$。

4.9　用冲激响应不变法把模拟滤波器 $h(t)=e^{-3t}u(t)$ 转换为数字滤波器。

（1）分别取 $T=1.0\,s$ 和 $T=0.1\,s$,求数字滤波器幅度响应 $|H(e^{j\omega})|$;

（2）分别画出上述数字滤波器的幅度响应,并与模拟滤波器幅度响应进行比较。

4.10　设计一个满足下面指标要求的巴特沃思数字高通滤波器:通带边缘频率为 $f_p=$ 4 kHz;通带衰减为 3 dB;阻带边缘频率为 $f_{stop}=2$ kHz;阻带衰减为 20 dB;取样频率为 16 kHz。

4.11　设计一个满足下面指标要求的巴特沃思数字带通滤波器:通带上、下边缘频率分别为 450 Hz 和 600 Hz;通带波动为 3 dB;阻带上、下边缘频率分别为 200 Hz 和 800 Hz;阻带衰减为 20 dB;取样频率为 2 kHz。

4.12　用双线性变换法设计一个满足下面指标要求的巴特沃思数字带阻滤波器:通带上、下边缘频率分别为 200 Hz 和 900 Hz;通带波动为 3 dB;阻带上、下边缘频率分别为 400 Hz 和 600 Hz;阻带衰减为 20 dB;取样频率为 2 kHz。

第 5 章 FIR数字滤波器设计

5.1 引言

第 4 章介绍了基于模拟原型法设计 IIR 数字滤波器的方法,其在较低的阶数下就能获得比较好的幅度特性,但 IIR 数字滤波器存以下问题:

(1) 其系统函数存在极点,可能出现不稳定情况;

(2) 由双线性变换法得到的 IIR 数字滤波器的相位是非线性的。为了得到近似线性相位特性需要单独用全通型网络进行相位校正,成本较高。

有限冲激响应(Finite Impulse Response,FIR)数字滤波器则能在满足幅度特性的同时,保持严格的线性相位,在语音识别、话音通信等信号处理领域应用广泛。

FIR 数字滤波器是非递归型系统,其单位冲激响应 $h(n)$ 只在有限时宽内(设长度为 N)存在非 0 值,故系统函数 $H(z)$ 可表示为

$$H(z) = \sum_{n=0}^{N-1} h(n) z^{-n} \tag{5.1}$$

将式(5.1)重写成

$$H(z) = \sum_{n=0}^{N-1} h(n) z^{-n} = z^{-(N-1)} \sum_{n=0}^{N-1} h(n) z^{(N-1)-n} = \frac{f(z)}{z^{N-1}} \tag{5.2}$$

显然,$H(z)$ 是 z^{-1} 的 $N-1$ 阶多项式,因此 $H(z)$ 在 Z 平面上有 $N-1$ 个零点。同时,$H(z)$ 在原点 $z=0$ 处存在一个 $N-1$ 阶极点,所以 FIR 系统总是稳定的。此外,任何一个非因果的 FIR 系统经过延时后都可转化成因果系统,也容易被设计成具有线性相位特性的系统。稳定和线性相位是 FIR 数字滤波器最典型的两个特点。

将式(5.1)变换到时域时,可以看到系统的输出仅取决于当前和有限个过去的输入 $x(n),x(n-1),\cdots,x(n-N+1)$ 与单位冲激响应 $h(n)$ 的线性卷积,即

$$y(n) = \sum_{k=0}^{N-1} h(k) x(n-k) \tag{5.3}$$

FIR 数字滤波器的设计就是要确定滤波器的系数,即式(5.3)中的 $h(k)$,且希望用最少

的阶数 $N-1$ 得到所需的滤波特性。由于 $h(k)$ 是有限长序列,因此可以使用 FFT 数字滤波器来实现滤波,大大提高运算效率。

FIR 数字滤波器的设计普遍针对其线性相位来进行,因此本章只对具有线性相位特性的 FIR 数字滤波器进行讨论。

5.2 线性相位 FIR 数字滤波器的类型和特性

5.2.1 严格线性相位和广义线性相位

FIR 数字滤波器的频率响应为

$$H(\mathrm{e}^{\mathrm{j}\omega}) = H(\omega)\mathrm{e}^{\mathrm{j}\theta(\omega)} = \sum_{n=0}^{N-1} h(n)\mathrm{e}^{-\mathrm{j}\omega n} \tag{5.4}$$

其中 $H(\omega)$ 为幅度函数。注意,这里的 $H(\omega)$ 是一个不同于 $|H(\mathrm{e}^{\mathrm{j}\omega})|$ 的实函数,取值可正可负, $\theta(\omega) = \arg[H(\mathrm{e}^{\mathrm{j}\omega})]$ 为相位函数。

线性相位 FIR 数字滤波器是指 $\theta(\omega)$ 是 ω 的线性函数,即

$$\theta(\omega) = -\tau\omega, \quad \tau \text{ 为常数} \tag{5.5}$$

式(5.5)称为严格线性相位。而如果满足

$$\theta(\omega) = \varphi_0 - \tau\omega \tag{5.6}$$

则称为广义线性相位,其中 φ_0 为初始相位。本书仅介绍 $\varphi_0 = \dfrac{\pi}{2}$ 这种常用情况。

5.2.2 线性相位 FIR 数字滤波器的约束条件

所谓 FIR 数字滤波器满足线性相位的约束条件是指对 $h(n)$ 的约束,一般要求 $h(n)$ 是实序列。

1. 第一类线性相位(严格线性相位)FIR 数字滤波器的约束条件

第一类线性相位 FIR 数字滤波器的相位函数 $\theta(\omega) = -\tau\omega$ 是一条经过原点的直线,如图 5.1 所示。

图 5.1 严格线性相位特性

由于

$$\begin{aligned} H(\mathrm{e}^{\mathrm{j}\omega}) &= \sum_{n=0}^{N-1} h(n)\mathrm{e}^{-\mathrm{j}\omega n} \\ &= \sum_{n=0}^{N-1} h(n)[\cos\omega n - \mathrm{j}\sin\omega n] \end{aligned} \tag{5.7}$$

且

$$H(\mathrm{e}^{\mathrm{j}\omega}) = H(\omega)\mathrm{e}^{\mathrm{j}\theta(\omega)}$$

因此

$$\theta(\omega) = \arg[H(\mathrm{e}^{\mathrm{j}\omega})] = \arctan\left[-\frac{\displaystyle\sum_{n=0}^{N-1} h(n)\sin\omega n}{\displaystyle\sum_{n=0}^{N-1} h(n)\cos\omega n}\right] = -\tau\omega \tag{5.8}$$

于是有

$$\tan \tau\omega = \frac{\sum\limits_{n=0}^{N-1} h(n)\sin \omega n}{\sum\limits_{n=0}^{N-1} h(n)\cos \omega n} = \frac{\sin \tau\omega}{\cos \tau\omega}$$

$$\sum_{n=0}^{N-1} h(n)\sin \tau\omega\cos \omega n = \sum_{n=0}^{N-1} h(n)\cos \tau\omega\sin \omega n$$

即

$$\sum_{n=0}^{N-1} h(n)\sin(\tau\omega - n\omega) = 0 \tag{5.9}$$

可以证明,当

$$\begin{cases} \theta(\omega) = -\tau\omega, & \tau = \dfrac{N-1}{2} \\ h(n) = h(N-1-n), & 0 \leqslant n \leqslant N-1 \end{cases}$$

时,式(5.9)成立。即如果要求长度为 N 的 FIR 数字滤波器具有严格线性相位特性,则要求 $h(n)$ 关于 $n = \dfrac{(N-1)}{2}$ 点偶对称。其中:当 N 为奇数时称为 Ⅰ 型线性相位 FIR 数字滤波器,此时对称中心轴位于整数样点上;当 N 为偶数时称为 Ⅱ 型线性相位 FIR 数字滤波器,对称中心轴位于非整数样点上。下面分别讨论 N 为奇数和 N 为偶数的 FIR 数字滤波器的频率响应特性。

(1) Ⅰ 型线性相位 FIR 数字滤波器: $h(n)$ 偶对称, N 为奇数

由于 $h(n)$ 序列的长度 N 为奇数,因此滤波器的频率响应函数可以拆分为 3 部分——前一半、后一半和中心点,即

$$H(e^{j\omega}) = \sum_{n=0}^{N-1} h(n)e^{-jn\omega} = \sum_{n=0}^{\frac{N-1}{2}-1} h(n)e^{-jn\omega} + \sum_{\frac{N-1}{2}+1}^{N-1} h(n)e^{-jn\omega} + h\left(\frac{N-1}{2}\right)e^{-j\frac{N-1}{2}\omega}$$

对等式右侧第二项进行变量代换(先令 $n = N-1-m$,再将 m 用 n 替换回来)后可得

$$H(e^{j\omega}) = \sum_{n=0}^{\frac{N-1}{2}-1} h(n)e^{-jn\omega} + \sum_{n=0}^{\frac{N-1}{2}-1} h(N-1-n)e^{-j(N-1)\omega}e^{jn\omega} + h\left(\frac{N-1}{2}\right)e^{-j\frac{N-1}{2}\omega} \tag{5.10}$$

由于 $h(n) = h(N-1-n)$,因此式(5.10)的前两项可以合并,即

$$H(e^{j\omega}) = \sum_{n=0}^{\frac{N-1}{2}-1} h(n)\left[e^{-jn\omega} + e^{-j(N-1)\omega}e^{jn\omega}\right] + h\left(\frac{N-1}{2}\right)e^{-j\frac{N-1}{2}\omega}$$

$$= e^{-j\frac{N-1}{2}\omega}\left\{h\left(\frac{N-1}{2}\right) + \sum_{n=0}^{\frac{N-1}{2}-1} h(n)\left[e^{j\frac{N-1}{2}\omega}e^{-jn\omega} + e^{-j\frac{N-1}{2}\omega}e^{jn\omega}\right]\right\}$$

$$= e^{-j\frac{N-1}{2}\omega}\left\{h\left(\frac{N-1}{2}\right) + \sum_{n=0}^{\frac{N-1}{2}-1} h(n)\cdot 2\cos\left[\left(\frac{N-1}{2}-n\right)\omega\right]\right\} \tag{5.11}$$

进一步令 $n' = \dfrac{N-1}{2} - n$(之后再将 n' 替换回 n),则式(5.11)可表示为

$$H(\mathrm{e}^{\mathrm{j}\omega}) = \mathrm{e}^{-\mathrm{j}\frac{N-1}{2}\omega}\left\{h\left(\frac{N-1}{2}\right) + \sum_{n'=\frac{N-1}{2}}^{1} 2h\left(\frac{N-1}{2}-n'\right)\cos n'\omega\right\}$$

$$= \mathrm{e}^{-\mathrm{j}\frac{N-1}{2}\omega}\sum_{n=0}^{\frac{N-1}{2}} a(n)\cos n\omega$$

$$= \mathrm{e}^{\mathrm{j}\theta(\omega)} H(\omega) \tag{5.12}$$

其中

$$\begin{cases} a(n) = h\left(\frac{N-1}{2}\right), & n=0 \\ a(n) = 2h\left(\frac{N-1}{2}-n\right), & n\neq 0 \end{cases} \tag{5.13}$$

相位函数为

$$\theta(\omega) = -\tau\omega = -\frac{N-1}{2}\omega \tag{5.14}$$

幅度函数为

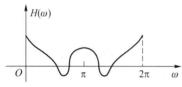

图 5.2　Ⅰ型线性相位 FIR
数字滤波器的幅度响应特性

$$H(\omega) = \sum_{n=0}^{\frac{N-1}{2}} a(n)\cos n\omega \tag{5.15}$$

由于 $\cos n\omega$ 在 $\omega=0,\pi,2\pi$ 处均偶对称,因此Ⅰ型线性相位 FIR 数字滤波器的 $H(\omega)$ 也在 $\omega=0,\pi,2\pi$ 处均偶对称,其定性的波形示意如图 5.2 所示。

Ⅰ型线性相位 FIR 数字滤波器是使用最为广泛的 FIR 数字滤波器,能够用来设计各种(低通、高通、带通和带阻)滤波器。

(2) Ⅱ型线性相位 FIR 数字滤波器:$h(n)$ 偶对称,N 为偶数

此时序列的长度 N 为偶数,因此滤波器的频率响应可拆分成前、后两部分:

$$H(\mathrm{e}^{\mathrm{j}\omega}) = \sum_{n=0}^{N-1} h(n)\mathrm{e}^{-\mathrm{j}n\omega} = \sum_{n=0}^{\frac{N}{2}-1} h(n)\mathrm{e}^{-\mathrm{j}n\omega} + \sum_{n=\frac{N}{2}}^{N-1} h(n)\mathrm{e}^{-\mathrm{j}n\omega} \tag{5.16}$$

与Ⅰ型线性相位 FIR 数字滤波器的推导过程类似,先对式(5.16)中的第二项进行变量代换(先令 $n=N-1-m$,再将 m 用 n 替换回来),再利用 $h(n)$ 的偶对称性 $h(n)=h(N-1-n)$ 可得

$$H(\mathrm{e}^{\mathrm{j}\omega}) = \sum_{n=0}^{\frac{N}{2}-1} h(n)\mathrm{e}^{-\mathrm{j}n\omega} + \sum_{n=0}^{\frac{N}{2}-1} h(N-1-n)\mathrm{e}^{-\mathrm{j}(N-1)\omega}\mathrm{e}^{\mathrm{j}n\omega}$$

$$= \sum_{n=0}^{\frac{N}{2}-1} h(n)\left[\mathrm{e}^{-\mathrm{j}n\omega} + \mathrm{e}^{-\mathrm{j}(N-1)\omega}\mathrm{e}^{\mathrm{j}n\omega}\right]$$

$$H(\mathrm{e}^{\mathrm{j}\omega}) = \mathrm{e}^{-\mathrm{j}\frac{N-1}{2}\omega}\sum_{n=1}^{\frac{N}{2}} 2h\left(\frac{N}{2}-n\right)\cos\left[\left(n-\frac{1}{2}\right)\omega\right]$$

$$= \mathrm{e}^{-\mathrm{j}\frac{N-1}{2}\omega}\sum_{n=1}^{\frac{N}{2}} b(n)\cos\left[\left(n-\frac{1}{2}\right)\omega\right]$$

$$= \mathrm{e}^{\mathrm{j}\theta(\omega)} H(\omega)$$

其中

$$b(n) = 2h\left(\frac{N}{2} - n\right), \quad n = 0, \cdots, N/2 \tag{5.17}$$

相位函数：

$$\theta(\omega) = -\tau\omega = -\frac{N-1}{2}\omega \tag{5.18}$$

幅度函数：

$$H(\omega) = \sum_{n=1}^{\frac{N}{2}} b(n)\cos\left[\left(n - \frac{1}{2}\right)\omega\right] \tag{5.19}$$

Ⅱ型线性相位 FIR 数字滤波器的频率响应具有以下特性：

① 当 $\omega = \pi$ 时，$H(\pi) = \sum_{n=1}^{\frac{N}{2}} b(n)\cos\left[\left(n - \frac{1}{2}\right)\pi\right] = 0$，表明 $z = -1$ 必为 $H(z)$ 的一个零点。因此，Ⅱ型线性相位 FIR 数字滤波器不能用于设计高通或带阻滤波器，因为高通和带阻滤波器在 $\omega = \pi$ 处的幅度响应 $|H(\mathrm{e}^{\mathrm{j}\omega})|$ 不能为 0。

② 因为 $\cos\left[\left(n - \frac{1}{2}\right)\pi\right]$ 以 $\omega = \pi$ 奇对称，所以 $H(\omega)$ 在 $\omega = \pi$ 处奇对称，在 $\omega = 0, 2\pi$ 处偶对称，Ⅱ型线性相位 FIR 数字滤波器定性的波形示意如图 5.3 所示。

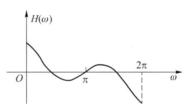

综合Ⅰ型和Ⅱ型线性相位 FIR 数字滤波器可知，FIR 数字滤波器满足严格线性相位的充要条件为：单位冲激响应关于 $n = \frac{N-1}{2}$ 偶对称，即 $h(n) = h(N-1-n)$。

图 5.3　Ⅱ型线性相位 FIR 数字滤波器的幅度响应特性

此时，$\theta(\omega) = -\frac{N-1}{2}\omega$，信号通过此类滤波器时只产生 $\frac{N-1}{2}$ 个样点的延迟。

2. 第二类线性相位(广义线性相位)FIR 数字滤波器的约束条件

第二类线性相位 FIR 数字滤波器的相位函数为

$$\theta(\omega) = \frac{\pi}{2} - \tau\omega \tag{5.20}$$

此时除了产生线性相位外，还附有 $\frac{\pi}{2}$ 的固定相移，如图 5.4 所示。

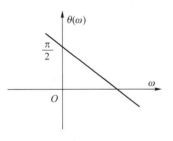

将式(5.20)代入式(5.8)，有

$$\sum_{n=0}^{N-1} h(n)\cos\left[(n - \tau)\omega + \phi\right] = 0 \tag{5.21}$$

图 5.4　广义线性相位特性

同样可以证明，当满足

$$\begin{cases} \theta(\omega) = \frac{\pi}{2} - \tau\omega, & \tau = \frac{N-1}{2} \\ h(n) = -h(N-1-n), & 0 \leqslant n \leqslant N-1 \end{cases} \tag{5.22}$$

时，式(5.21)成立。即如果要求长度为 N 的 FIR 数字滤波器具有广义线性相位，其单位冲激响应 $h(n)$ 应当关于 $n = \frac{N-1}{2}$ 点奇对称，即 $h(n) = -h(N-1-n)$。根据 N 的奇偶性也可进一步分成两种情况。

（1）Ⅲ型线性相位 FIR 数字滤波器：$h(n)$ 奇对称，N 为奇数

若 N 为奇数，将 $n = \dfrac{N-1}{2}$ 代入式（5.22），可得

$$h\left(\frac{N-1}{2}\right) = -h\left[N-1-\frac{N-1}{2}\right] = -h\left(\frac{N-1}{2}\right)$$

因此有 $h\left(\dfrac{N-1}{2}\right) = 0$。

推导过程与Ⅰ型线性相位 FIR 数字滤波器类似，将约束条件 $h(n) = -h(N-1-n)$ 以及 $h\left(\dfrac{n-1}{2}\right) = 0$ 代入式（5.10），可得

$$H(\mathrm{e}^{\mathrm{j}\omega}) = \mathrm{e}^{-\mathrm{j}\frac{N-1}{2}\omega}\left[\sum_{n=0}^{\frac{N-1}{2}-1} 2h(n)\mathrm{j}\sin\left(\frac{N-1}{2}-n\right)\omega\right] + h\left(\frac{N-1}{2}\right)\mathrm{e}^{-\mathrm{j}\frac{N-1}{2}\omega}$$

$$= \mathrm{j}\mathrm{e}^{-\mathrm{j}\frac{N-1}{2}\omega}\left[\sum_{n=0}^{\frac{N-1}{2}-1} 2h(n)\sin\left(\frac{N-1}{2}-n\right)\omega\right]$$

$$= \mathrm{e}^{\mathrm{j}\left(\frac{\pi}{2}-\frac{N-1}{2}\omega\right)}\left[\sum_{n=0}^{\frac{N-1}{2}-1} 2h(n)\sin\left(\frac{N-1}{2}-n\right)\omega\right] \tag{5.23}$$

令 $n' = \dfrac{N-1}{2} - n$，有

$$H(\mathrm{e}^{\mathrm{j}\omega}) = \mathrm{e}^{\mathrm{j}\left(\frac{\pi}{2}-\frac{N-1}{2}\omega\right)}\sum_{n=1}^{\frac{N-1}{2}} c(n)\sin n\omega$$

$$= \mathrm{e}^{\mathrm{j}\theta(\omega)} H(\omega) \tag{5.24}$$

其中

$$c(n) = 2h\left(\frac{N-1}{2}-n\right), \quad n = 1,\ 2,\ \cdots,\ \frac{N-1}{2} \tag{5.25}$$

幅度函数为

$$H(\omega) = \sum_{n=1}^{\frac{N-1}{2}} c(n)\sin n\omega \tag{5.26}$$

可知，Ⅲ型线性相位 FIR 数字滤波器的频率响应具有以下特点。

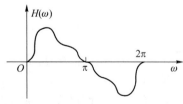

图 5.5　Ⅲ型线性相位 FIR
数字滤波器的幅度响应特性

① 由于 $\sin n\omega$ 在 $\omega = 0, \pi, 2\pi$ 处都是奇对称，因此幅度函数 $H(\omega)$ 在 $\omega = 0, \pi, 2\pi$ 处也奇对称，定性的波形示意如图 5.5 所示。

② 由于在 $\omega = 0$、π、2π 处，对于任意 $c(n)$ 或 $h(n)$ 都有 $H(\omega) = 0$，这意味着Ⅲ型线性相位 FIR 数字滤波器的系统函数 $H(z)$ 在 $z = \pm 1$ 处都是零点。因此，Ⅲ型线性相位 FIR 数字滤波器不适用于设计低通、高通以及带阻

滤波器。

（2）Ⅳ型线性相位 FIR 数字滤波器：$h(n)$ 奇对称，N 为偶数

用相同的分析方法可以得到此类滤波器的频率响应函数表示式：

$$
\begin{aligned}
H(\mathrm{e}^{\mathrm{j}\omega}) &= \mathrm{e}^{\mathrm{j}\left(\frac{\pi}{2}-\frac{N-1}{2}\omega\right)}\sum_{n=1}^{\frac{N}{2}}d(n)\sin\left(n-\frac{1}{2}\right)\omega \\
&= \mathrm{e}^{\mathrm{j}\theta(\omega)}H(\omega)
\end{aligned}
\tag{5.27}
$$

其中

$$
d(n)=2h\left(\frac{N}{2}-n\right),\quad n=1,\,2,\,\cdots,\,\frac{N}{2}
\tag{5.28}
$$

$$
H(\omega)=\sum_{n=1}^{\frac{N}{2}}d(n)\sin\left[\left(n-\frac{1}{2}\right)\omega\right]
\tag{5.29}
$$

可以看到，Ⅳ型线性相位 FIR 数字滤波器频率响应的特点如下。

① 由于 $\sin\left[\left(n-\frac{1}{2}\right)\omega\right]$ 在 $\omega=0,2\pi$ 处奇对称，在 $\omega=\pi$ 处偶对称，因此其幅度函数在 $\omega=0,2\pi$ 处也奇对称，在 $\omega=\pi$ 处也偶对称，定性的波形示意如图 5.6 所示。

② 由于在 $\omega=0$ 和 2π 处，有 $H(\omega)=0$，且与 $d(n)$ 或 $h(n)$ 的取值无关，因此系统函数 $H(z)$ 在 $z=1$ 处为零点。显然，Ⅳ型线性相位 FIR 数字滤波器不能用于设计低通和带阻滤波器。

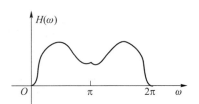

图 5.6 Ⅳ型线性相位 FIR 数字
滤波器的幅度响应特性

总结以上结果可知，线性相位 FIR 数字滤波器实现的充要条件是其单位冲激响应 $h(n)$ 关于中心点 $n=\frac{N-1}{2}$ 必须成偶对称或奇对称，此时滤波器的相位特性是线性的，且均延时 $\tau=\frac{n-1}{2}$ 个点。为了便于比较，将 4 种类型线性相位 FIR 数字滤波器的特性归纳于表 5.1 中。

表 5.1 4 种类型线性相位 FIR 数字滤波器的特性

线性相位类型	严格线性相位 $h(n)=h(N-1-n)$	广义线性相位 $h(n)=-h(N-1-n)$
相位函数	$\theta(\omega)=-\dfrac{N-1}{2}\omega$	$\theta(\omega)=\dfrac{\pi}{2}-\dfrac{N-1}{2}\omega$

线性相位类型	严格线性相位 $h(n)=h(N-1-n)$	广义线性相位 $h(n)=-h(N-1-n)$
N 为奇数	Ⅰ型:适用于所有类型(低通、高通、带通和带阻)滤波器的设计。 幅度函数: $$H(\omega)=\sum_{n=0}^{\frac{N-1}{2}}a(n)\cos n\omega$$ $$\begin{cases}a(n)=h\left(\dfrac{N-1}{2}\right),&n=0\\a(n)=2h\left(\dfrac{N-1}{2}-n\right),&n\neq0\end{cases}$$ (图) $H(\omega)$ 曲线，O、π、2π，ω	Ⅲ型: $H(\pi)=0$, $H(0)=0$, 系统函数在 $z=\pm1$ 处均为零点,不能设计低通、高通和带阻滤波器。 幅度函数: $$H(\omega)=\sum_{n=1}^{\frac{N-1}{2}}c(n)\sin n\omega$$ $$c(n)=2h\left(\dfrac{N-1}{2}-n\right),n=1,2\cdots,\dfrac{N-1}{2}$$ (图) $H(\omega)$ 曲线，O、π、2π，ω
N 为偶数	Ⅱ型: $H(\pi)=0$, 系统函数在 $z=-1$ 处有一个零点,不能设计高通和带阻滤波器。 幅度函数: $$H(\omega)=\sum_{n=1}^{\frac{N}{2}}b(n)\cos\left[\left(n-\dfrac{1}{2}\right)\omega\right]$$ $$b(n)=2h\left(\dfrac{N}{2}-n\right),n=1,2,\cdots,\dfrac{N}{2}$$ (图) $H(\omega)$ 曲线，O、π、2π，ω	Ⅳ型: $H(0)=0$, 系统函数在 $z=1$ 处有一个零点,不能设计低通和带阻滤波器。 幅度函数: $$H(\omega)=\sum_{n=1}^{\frac{N-1}{2}}d(n)\sin\left[\left(n-\dfrac{1}{2}\right)\omega\right]$$ $$d(n)=2h\left(\dfrac{N}{2}-n\right),n=1,2,\cdots,\dfrac{N}{2}$$ (图) $H(\omega)$ 曲线，O、π、2π，ω

5.2.3　线性相位 FIR 数字滤波器的零点分布

利用线性相位 FIR 数字滤波器的对称性:

$$h(n)=\pm h(N-1-n),n=0,\cdots,N-1 \tag{5.30}$$

可将滤波器的系统函数表示为

$$H(z)=\sum_{n=0}^{N-1}h(n)z^{-n}=\pm\sum_{n=0}^{N-1}h(N-1-n)z^{-n} \tag{5.31}$$

令 $m=N-1-n$,代入式(5.31),得

$$H(z)=\pm\sum_{m=0}^{N-1}h(m)z^{-(N-1-m)}=\pm z^{-(N-1)}\sum_{m=0}^{N-1}h(m)z^{m}=\pm z^{-(N-1)}H(z^{-1})$$

于是有

$$H(z) = \pm z^{-(N-1)} H(z^{-1}) \tag{5.32}$$

由式(5.32)可知,$H(z)$与$H(z^{-1})$具有相同的根,且互为倒数,即若 z_i 是 $H(z)$ 的零点,则 z_i^{-1} 也必然为其零点,$H(z_i^{-1}) = 0$。此外,由于$h(n)$是实序列,$H(z)$的零点必然共轭成对,因此 z_i^*,$(z_i^{-1})^*$ 也必为其零点。故 z_i,z_i^*,$\dfrac{1}{z_i}$,$\dfrac{1}{z_i^*}$ 均为线性相位 FIR 数字滤波器的零点。具体分析可以得到以下 4 种零点的分布情况,如图 5.7 所示。

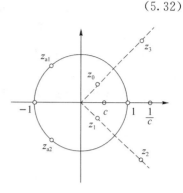

图 5.7 线性相位 FIR 数字滤波器的零点分布

(1) 零点 $z_i = r_i e^{j\theta_i}$ 既不在实轴上($\theta_i \neq 0$),又不在单位圆上($r_i \neq 1$),零点必以两组互为倒数的共轭对形式出现,如图 5.7 中的 z_0,z_1,z_2,z_3:

$$z_0 = r_i e^{j\omega_i}, \quad z_1 = z_0^* = r_i e^{-j\omega_i}$$
$$z_2 = z_0^{-1} = r_i^{-1} e^{-j\omega_i}, \quad z_3 = (z_0^*)^{-1} = r_i^{-1} e^{j\omega_i}$$

仅由这 4 个零点构成的子系统 $H_1(z)$ 是一个四阶偶对称的多项式:

$$H_1(z) = (1 - z_0 z^{-1})(1 - z_1 z^{-1})(1 - z_2 z^{-1})(1 - z_3 z^{-1}) \tag{5.33}$$

(2) 零点是在单位圆上的复零点(不在实轴上),即 $z_i = e^{j\theta_i}$,$\theta_i \neq 0$ 或 π,这时的零点为两个单位圆上的共轭对:$z_0 = e^{j\theta_i}$,$z_1 = z_0^* = e^{-j\theta_i}$,如图 5.7 中的 z_{a1} 和 z_{a2}。仅由这两个零点构成的子系统 $H_2(z)$ 是一个二阶偶对称的多项式:

$$H_2(z) = (1 - z_0 z^{-1})(1 - z_1 z^{-1}) \tag{5.34}$$

(3) 零点为实轴上的实数,但不在单位圆上,即 $z_i = c(c < 1)$,此时有两个零点 c 和 $\dfrac{1}{c}$,且互为实轴上的倒数对。仅由这两个零点构成的子系统 $H_3(z)$ 是一个二阶的偶对称的多项式:

$$H_3(z) = (1 - cz^{-1})\left(1 - \frac{1}{c}z^{-1}\right) \tag{5.35}$$

(4) 零点既在单位圆上又在实轴上,这时的零点为单零点:$z_i = \pm 1$。仅由 $z = 1$ 构成的子系统 $H_4(z)$ 是一个一阶的奇对称的多项式:

$$H_4(z) = (1 - z^{-1}) \tag{5.36}$$

而仅由 $z = -1$ 构成的子系统 $H_5(z)$ 是一个一阶的偶对称的多项式:

$$H_5(z) = (1 + z^{-1}) \tag{5.37}$$

另外,任意 $N-1$ 阶线性相位系统都可以用上述 5 种子系统和一个振幅 A 的乘积构成,即

$$H(z) = A \prod_{k=1}^{N-1} (1 - z^{-1} z_k) \tag{5.38}$$

由于只在零点 $z = 1$ 处存在一个奇对称的子系统,因此奇对称线性相位 FIR 系统在 $z = 1$ 的零点一定是奇数阶的。对于 Ⅱ 型 FIR 系统〔$h(n)$偶对称,N 为偶数〕,由于阶数 $N-1$ 为奇数,因此系统在 $z = -1$ 的零点必然为奇数阶。综上,系统在 $z = \pm 1$ 处的零点的个数(阶数)决定了 FIR 系统的 4 种类型,具体如下。

（1）Ⅰ型 FIR 系统：$h(n)$ 偶对称，N 为奇数，阶数为偶数，因此，系统在 $z=1$ 和 $z=-1$ 没有零点或者有偶数个零点。

（2）Ⅱ型 FIR 系统：$h(n)$ 偶对称，N 为偶数，阶数为奇数，且 $H(\pi)=0$，因此，系统在 $z=-1$ 处必然存在零点且有奇数个零点，在 $z=1$ 没有零点或者有偶数个零点。

（3）Ⅲ型 FIR 系统：$h(n)$ 奇对称，N 为奇数，阶数为偶数，且 $H(0)=0$ 和 $H(\pi)=0$，因此，系统在 $z=-1$ 和 $z=1$ 存在奇数个零点；

（4）Ⅳ型 FIR 系统：$h(n)$ 奇对称，N 为偶数，阶数为奇数，且 $H(0)=0$，因此，系统在 $z=1$ 有奇数个零点，在 $z=-1$ 无零点或有偶数个零点。

【例 5.1】 已知 $z_0=0.25\mathrm{e}^{\mathrm{j}\frac{\pi}{2}}$ 是Ⅱ型线性相位 FIR 数字滤波器〔$h(n)$ 为实数〕系统函数 $H(z)$ 的零点，则 $H(z)$ 的零点一定还有 _____。

解： $0.25\mathrm{e}^{-\mathrm{j}\frac{\pi}{2}}$，$4\mathrm{e}^{-\mathrm{j}\frac{\pi}{2}}$，$4\mathrm{e}^{\mathrm{j}\frac{\pi}{2}}$，$-1$。

【例 5.2】 一个线性相位 FIR 数字滤波器的 $h(n)$ 是实数，且 $n<0$ 和 $n>6$ 时，$h(n)=0$。如果 $h(0)=1$ 且系统函数在 $z_1=0.5\mathrm{e}^{\mathrm{j}\frac{\pi}{3}}$ 和 $z_2=3$ 处各有一个零点，求 $H(z)$。

解： 根据线性相位零点的分布，可得六阶 FIR 数字滤波器的其余零点：

$$z_3=0.5\mathrm{e}^{-\mathrm{j}\frac{\pi}{3}}, \quad z_4=2\mathrm{e}^{-\mathrm{j}\frac{\pi}{3}}, \quad z_5=2\mathrm{e}^{\mathrm{j}\frac{\pi}{3}}, \quad z_6=\frac{1}{3}$$

由式（5.33）和式（5.35）可知，两个极点分别构成一个四阶和二阶子系统，即

$$H_1(z)=(1-0.5\mathrm{e}^{\mathrm{j}\frac{\pi}{3}}z^{-1})(1-0.5\mathrm{e}^{-\mathrm{j}\frac{\pi}{3}}z^{-1})(1-2\mathrm{e}^{-\mathrm{j}\frac{\pi}{3}}z^{-1})(1-2\mathrm{e}^{\mathrm{j}\frac{\pi}{3}}z^{-1})$$

$$H_2(z)=(1-3z^{-1})\left(1-\frac{1}{3}z^{-1}\right)$$

所以，$H(z)=AH_1(z)H_2(z)$，再由 $h(0)=1$ 可得 $A=1$。最后有

$$H(z)=(1-0.5\mathrm{e}^{\mathrm{j}\frac{\pi}{3}}z^{-1})(1-0.5\mathrm{e}^{-\mathrm{j}\frac{\pi}{3}}z^{-1})(1-2\mathrm{e}^{-\mathrm{j}\frac{\pi}{3}}z^{-1})(1-2\mathrm{e}^{\mathrm{j}\frac{\pi}{3}}z^{-1})(1-3z^{-1})\left(1-\frac{1}{3}z^{-1}\right)$$

5.3 窗函数法设计线性相位 FIR 数字滤波器

理想滤波器的频率响应特性 $H_\mathrm{d}(\mathrm{e}^{\mathrm{j}\omega})$ 是分段不连续的，对应的单位冲激响应 $h_\mathrm{d}(n)$ 必定具有无限时宽。因此，需要用有限长单位冲激响应 $h(n)$ 去逼近无限长单位冲激响应 $h_\mathrm{d}(n)$，即需要寻求一个物理可实现的频率响应 $H(\mathrm{e}^{\mathrm{j}\omega})$ 去逼近理想的频率响应 $H_\mathrm{d}(\mathrm{e}^{\mathrm{j}\omega})$。例如，一个线性相位理想低通滤波器的频率响应为

$$H_\mathrm{d}(\mathrm{e}^{\mathrm{j}\omega})=\begin{cases}\mathrm{e}^{-\mathrm{j}\tau\omega}, & |\omega|\leqslant\omega_\mathrm{c} \\ 0, & \text{其他}\end{cases} \tag{5.39}$$

其单位冲激响应 $h_\mathrm{d}(n)$ 为

$$h_\mathrm{d}(n)=\frac{1}{2\pi}\int_{-\pi}^{\pi}H_\mathrm{d}(\mathrm{e}^{\mathrm{j}\omega})\mathrm{e}^{\mathrm{j}n\omega}\mathrm{d}\omega=\frac{\sin(n-\tau)\omega_\mathrm{c}}{(n-\tau)\pi} \tag{5.40}$$

可见，$h_\mathrm{d}(n)$ 无限时长且非因果，物理上无法实现。

一种直接的逼近方法是在时域上对无限长 $h_\mathrm{d}(n)$ 加窗截短，从而得到有限长序列 $h(n)$，并以 $h(n)$ 来近似 $h_\mathrm{d}(n)$，窗函数法就采用这种思想。此外，采用不同的有限时宽窗函数

$w(n)$去截短$h_d(n)$,可以得到不同的有限长序列$h(n)$,从而实现不同性能的线性相位 FIR 数字滤波器,而选择窗函数的前提是必须满足线性相位 FIR 数字滤波器的技术指标。

5.3.1　窗函数法的逼近原理

设理想线性相位 FIR 数字滤波器的频率响应为$H_d(e^{j\omega})$,窗函数法的基本原理是设计一个因果可实现的频率响应$H(e^{j\omega})$去逼近$H_d(e^{j\omega})$,即让$h(n)$逼近$h_d(n)$。同时,为了获得线性相位,在此过程中需要满足线性相位的条件。具体步骤如下。

(1) 根据$H_d(e^{j\omega})$确定线性相位 FIR 数字滤波器属于Ⅰ～Ⅳ型中的哪种类型。

(2) 由 IDTFT 求出$h_d(n)$,即

$$h_d(n) = \frac{1}{2\pi}\int_{-\pi}^{\pi} H_d(e^{j\omega})e^{jn\omega}\,d\omega \tag{5.41}$$

由于$h_d(n)$非因果且无限时宽,物理上不可实现,必须对$h_d(n)$加窗截短。

(3) 选择合适的窗函数$w(n)$,将$h_d(n)$截短为$h(n)$,即

$$h(n) = h_d(n)w(n), \quad n=0,1,\cdots,N-1 \tag{5.42}$$

注意,截短时需要考虑线性相位特性和 FIR 数字滤波器的类型。例如,为了构造一个长度为N的Ⅰ型线性相位 FIR 系统,需将$h_d(n)$截短为$h(n)$并确保$h(n)$关于$n=\frac{N-1}{2}$偶对称。此外,由于窗函数法通过对$h_d(n)$的截短来实现$H(e^{j\omega})$对$H_d(e^{j\omega})$的逼近,因此必然产生误差。这种误差表现在频域上就是吉布斯(Gibbs)效应,也称为截短效应,显然,误差将随着长度N的增大而减小。

5.3.2　吉布斯效应

下面以矩形窗为例分析吉布斯效应。假设式(5.42)中的窗函数采用矩形窗,即$w_R(n)=R_N(n)$,则能直接把无限长序列$h_d(n)$截短为长度为N的有限长序列$h(n)$,即

$$h(n)=h_d(n)w_R(n)=\begin{cases}h_d(n), & n=0,1,\cdots,N-1 \\ 0, & \text{其他}\end{cases} \tag{5.43}$$

根据卷积定理,可得

$$H(e^{j\omega}) = \frac{1}{2\pi}\left[H_d(e^{j\omega}) * W_R(e^{j\omega})\right] = \frac{1}{2\pi}\int_{-\pi}^{\pi} H_d(e^{j\theta})W_R\left[e^{j(\omega-\theta)}\right]d\theta \tag{5.44}$$

其中,矩形窗的频谱为

$$W_R(e^{j\omega}) = \sum_{n=0}^{N-1} e^{-jn\omega} = \frac{\sin\dfrac{N\omega}{2}}{\sin\dfrac{\omega}{2}}e^{-j\frac{N-1}{2}\omega} = W_{Ra}(\omega)e^{-j\tau\omega} \tag{5.45}$$

其中,$W_{Ra}(\omega)=\dfrac{\sin\dfrac{N\omega}{2}}{\sin\dfrac{\omega}{2}}$,$\tau=\dfrac{N-1}{2}$。

如图 5.8 所示,矩形窗的幅度谱 $W_{Ra}(e^{j\omega})$ 为一个钟形偶函数,在 $\omega = \pm \dfrac{2\pi}{N}$ 之间为其主瓣,宽度为 $\dfrac{4\pi}{N}$,在主瓣两侧则有无穷个幅度逐渐振荡减小的旁瓣。随着 N 的增加,主瓣的高度增加但宽度减小,主瓣的面积基本不变。

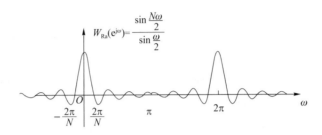

图 5.8 矩形窗的幅度响应

令 $H_d(e^{j\omega}) = H_{da}(\omega)e^{-j\tau\omega}$,根据式(5.39)可知,理想低通滤波器的幅度特性 $H_{da}(\omega)$ 为

$$H_{da}(\omega) = \begin{cases} 1, & |\omega| \leqslant \omega_c \\ 0, & 其他 \end{cases} \tag{5.46}$$

如图 5.9 所示。可见,窗函数的特性直接决定了 $H(e^{j\omega})$ 逼近 $H_d(e^{j\omega})$ 的性能。

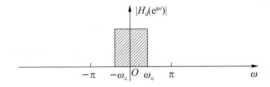

图 5.9 理想低通滤波器的频率响应特性

将式(5.45)代入式(5.44),有

$$H(e^{j\omega}) = \frac{1}{2\pi}\int_{-\pi}^{\pi} H_d(e^{j\theta})W_R[e^{j(\omega-\theta)}]d\theta$$

$$= \frac{1}{2\pi}\int_{-\pi}^{\pi} H_{da}(\theta)e^{-j\theta\tau}W_{Ra}[e^{j(\omega-\theta)}]e^{-j(\omega-\theta)\tau}d\theta$$

$$= e^{-j\omega\tau}\frac{1}{2\pi}\int_{-\pi}^{\pi} H_{da}(\theta)W_{Ra}[e^{j(\omega-\theta)}]d\theta$$

若令 $H(e^{j\omega}) = H_a(\omega)e^{-j\tau\omega}$,且 $W_{Ra}(\omega-\theta) = W_{Ra}[e^{j(\omega-\theta)}]$,则

$$H_a(\omega) = \frac{1}{2\pi}\int_{-\pi}^{\pi} H_{da}(\theta)W_{Ra}(\omega-\theta)d\theta$$

$$= \frac{1}{2\pi}\int_{-\omega_c}^{\omega_c} W_{Ra}(\omega-\theta)d\theta \tag{5.47}$$

式(5.47)说明,加窗后滤波器的幅度特性 $H_a(\omega)$〔如图 5.10(f)所示〕等于理想滤波器的幅度特性 $H_{da}(\omega)$〔如图 5.10(a)所示〕和矩形窗的幅度特性 $W_{Ra}(\omega)$ 在频域上的线性卷积,即在频域上的积分。积分的结果等于变量 θ 从 $-\omega_c$ 变化到 ω_c 时函数 $W_{Ra}(\omega-\theta)$ 与 θ 轴围成的面积。随着 ω 的变化,$W_{Ra}(\omega)$ 的旁瓣移入或移出积分区间,使得 $H_a(\omega)$ 的大小产生波动。

图 5.10(b)~5.10(e)分别给出了 4 个特定频率 $\omega\left(\omega=0, \omega=\omega_c, \omega=\omega_c-\dfrac{2\pi}{N}, \omega=\omega_c+\dfrac{2\pi}{N}\right)$ 处的情况,从而能够定性画出 $H_a(\omega)$ 的波形。

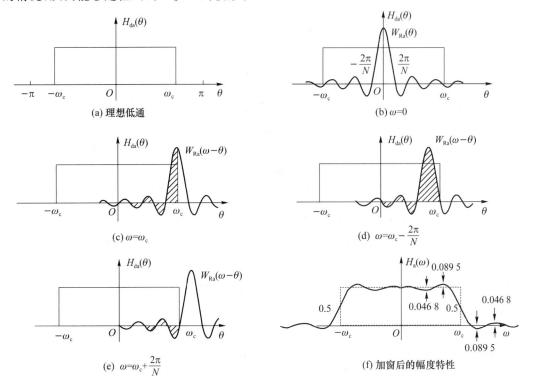

图 5.10　$H_{da}(\omega)$加矩形窗后的幅度特性

(1) 当 $\omega=0$ 时有

$$H_a(0)=\frac{1}{2\pi}\int_{-\omega_c}^{\omega_c}W_{Ra}(\theta)\mathrm{d}\theta$$

通常 $\omega_c\gg\dfrac{2\pi}{N}$,因此 $H_a(0)$ 的值近似等于 $W_{Ra}(\omega)$ 与 θ 轴围成的整个面积,即

$$H_a(0)=\frac{1}{2\pi}\int_{-\omega_c}^{\omega_c}W_{Ra}(\theta)\mathrm{d}\theta\approx 1$$

(2) 当 $\omega=\omega_c-\dfrac{2\pi}{N}$ 时有

$$H_a\left(\omega_c-\frac{2\pi}{N}\right)=\frac{1}{2\pi}\int_{-\omega_c}^{\omega_c}W_{Ra}\left(\omega_c-\frac{2\pi}{N}-\theta\right)\mathrm{d}\theta\approx 1.089\,5H_a(0)=\mathrm{Max}$$

此时窗谱主瓣全部处于积分区间内,而最大的负瓣(负的第一旁瓣)刚好移出积分区间,因此 $H_a(\omega)$ 获得最大值,形成正肩峰。之后,随着 ω 值的不断增大,$H_a(\omega)$ 迅速减小,进入过渡带。

(3) 当 $\omega=\omega_c$ 时有

$$H_a(\omega_c)=\frac{1}{2\pi}\int_{-\omega_c}^{\omega_c}W_{Ra}(\omega_c-\theta)\mathrm{d}\theta$$

此时窗谱主瓣的一半在积分区间内,另一半在积分区间外,因此窗谱曲线围成的面积近似为 $\omega=0$ 时所围面积的一半,即 $H_a(\omega_c)=\dfrac{1}{2}H_a(0)$。

（4）当 $\omega=\omega_{\mathrm{c}}+\dfrac{2\pi}{N}$ 时有

$$H_{\mathrm{a}}\left(\omega_{\mathrm{c}}+\frac{2\pi}{N}\right)=\frac{1}{2\pi}\int_{-\omega_{\mathrm{c}}}^{\omega_{\mathrm{c}}}W_{\mathrm{Ra}}\left(\omega_{\mathrm{c}}+\frac{2\pi}{N}-\theta\right)\mathrm{d}\theta\approx-0.089\,5H_{\mathrm{a}}(0)=\mathrm{Min}$$

此时窗谱主瓣全部移出积分区间，而最大负瓣全部处于积分区间内，因此 $H_{\mathrm{a}}(\omega)$ 得到最小值，形成负肩峰；正、负肩峰之间的频带为过渡带。之后，随着 $\omega>\omega_{\mathrm{c}}+\dfrac{2\pi}{N}$，$H_{\mathrm{a}}(\omega)$ 的值完全由旁瓣的面积决定，因此表现为振荡衰减，进入阻带。

从上述分析可知，吉布斯效应让 $H_{\mathrm{a}}(\omega)$ 与理想频响 $H_{\mathrm{da}}(\omega)$ 之间存在明显差异，主要表现在两点：过渡带和波动的出现。因此在利用窗函数法设计线性相位 FIR 数字滤波器时，需要考虑如何在减小波动幅度的同时使过渡带变窄。吉布斯效应具体表现如下：

（1）在理想特性不连续点 ω_{c} 附近形成过渡带

正、负肩峰之间的频带为过渡带，其宽度等于所用窗谱的主瓣宽度。对于矩形窗，过渡带宽度为 $\dfrac{4\pi}{N}$。不同的窗函数对应的窗谱主瓣宽度不同，因此产生的过渡带宽度也不同。若窗函数固定，增大 N（即截取更长的有限长序列）可使过渡带变窄，但 N 的增大会增加计算量和实现成本。注意，工程中，将阻带衰减 A_{s} 对应的边缘频率 ω_{s} 和通带衰减 A_{p} 对应的边缘频率 ω_{p} 的差作为过渡带宽，即 $\Delta\omega=\omega_{\mathrm{s}}-\omega_{\mathrm{p}}$。因此，往往小于窗函数的主瓣宽度。

（2）在通带内产生波动

波动是由窗谱的旁瓣引起的。波动的幅度及数量分别取决于窗谱旁瓣的相对幅度及个数：旁瓣的相对幅度越大，波动幅度越大；旁瓣个数越多，产生的波动个数也越多。不同的窗函数有不同的窗谱特性，因而会产生不同的波动特性。因此，波动与窗的宽度 N 无关，完全依赖窗函数的类型。具体地，如图 5.11 所示，对于矩形窗函数，当增加窗宽 N 时，过渡带宽度 $\Delta\omega=\dfrac{4\pi}{N}$ 将随之减小，通带、阻带内波动起伏加剧，但最大波动保持为 8.95%。

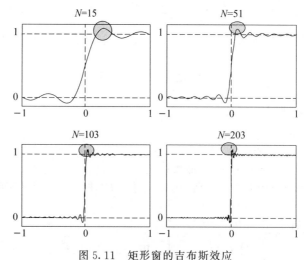

图 5.11　矩形窗的吉布斯效应

（注：横坐标是归一化频率；纵坐标是加窗后的幅度响应。）

以上分析表明,N 的增加只能有效控制过渡带带宽,如果想减少通带内的波动只能改变窗函数的类型。此外,在设计线性相位 FIR 数字滤波器时,为了减小吉布斯效应,选择窗函数时应使其频谱符合以下两项要求:

第一,主瓣宽度尽可能窄,以使过渡带尽可能陡;

第二,第一旁瓣相对主瓣尽可能小,让能量尽可能集中于主瓣内,以减小肩峰和波动。

对于窗函数,上述两个要求如同矛和盾,不可兼得。通常采用的方案是通过牺牲主瓣宽度来换取对旁瓣的抑制。这种矛盾统一的哲学思想在很多应用系统中都存在,如系统的精度和速度、召回率和准确率的关系等。因此,需根据实际需求进行取舍或折中。

5.3.3 典型的窗函数

下面分别介绍典型的窗函数及其频谱特性,设窗的宽度为 N 且都是偶对称的,即窗函数的对称中心点在 $n=\dfrac{N-1}{2}$ 处。上述假设使得加窗获得的 $h(n)$ 的对称性与理想的 $h_\text{d}(n)$ 一致,不会因为加窗而改变线性相位 FIR 数字滤波器的类型。

为了描述方便,定义窗函数的以下参数。

① 最大旁瓣峰值 α_p:幅度响应 $W_\text{a}(\omega)$ 的最大旁瓣的最大值相对主瓣最大值的衰减值(dB)。

② 过渡带带宽 $\Delta\omega=\omega_\text{s}-\omega_\text{p}$。

③ 阻带最小衰减 A_s:用该窗函数设计的线性相位 FIR 数字滤波器的阻带最小衰减。

1. 矩形窗

$$w_\text{R}(n)=R_N(n),\quad 0\leqslant n\leqslant N-1$$

前文已经分析过,矩形窗的频谱为

$$W_\text{R}(\text{e}^{\text{j}\omega})=\text{e}^{-\text{j}\frac{N-1}{2}\omega}\dfrac{\sin\dfrac{N\omega}{2}}{\sin\dfrac{\omega}{2}}$$

其中振幅响应为

$$W_\text{Ra}(\omega)=\dfrac{\sin\dfrac{N\omega}{2}}{\sin\dfrac{\omega}{2}}$$

矩形窗的主瓣宽度为 $\dfrac{4\pi}{N}$,最大旁瓣峰值为 $\alpha_\text{p}=-13\,\text{dB}$,过渡带为 $\Delta\omega=\dfrac{1.8\pi}{N}$,$A_\text{s}=-21\,\text{dB}$。矩形窗的 A_s 由负肩峰确定(即 $20\lg 8.95\%=-21\,\text{dB}$)。

尽管矩形窗很简单,但是它存在两个主要问题。

(1) 仅从阻带衰减的角度来看,矩形窗的性能是所有窗中最差的,$-21\,\text{dB}$ 的阻带衰减在实际应用中是不够的。

(2) 矩形窗是对理想无限长单位冲激序列的一种简单截断,因此会引起较强的吉布斯效应。如图 5.12 所示,窗口长度的增加不会改善阻带最小衰减。

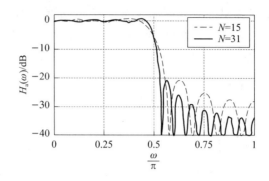

图 5.12 矩形窗长度的影响

2. 升余弦窗

升余弦窗以频率为 $0 \,、\dfrac{2\pi}{N-1}$ 和 $\dfrac{4\pi}{N-1}$ 的余弦序列的线性组合形成了一类新的窗函数,定义为

$$w(n) = w_1 - w_2 \cos \frac{2\pi n}{N-1} + w_3 \cos \frac{4\pi n}{N-1} \tag{5.48}$$

其中 $w_1 \,、w_2 \,、w_3$ 为常数。根据 3 个参数不同的取值,将分别得到汉宁窗、汉明窗和布莱克曼窗 3 种代表性的升余弦窗,具体定义如下。

(1) 当 $w_1 = 0.5, w_2 = 0.5, w_3 = 0$ 时,称为汉宁窗(Hanning window)。

(2) 当 $w_1 = 0.54, w_2 = 0.46, w_3 = 0$ 时,称为汉明窗(Hamming window)。

(3) 当 $w_1 = 0.42, w_2 = 0.5, w_3 = 0.08$ 时,称为布莱克曼窗(Blackman window)。

下面将分别介绍这 3 种升余弦窗的特性。

(1) 汉宁窗

长度为 N 的汉宁窗定义为

$$w(n) = 0.5 - 0.5 \cos \frac{2n\pi}{N-1}, \quad n = 0, 1, 2, \cdots, N-1 \tag{5.49}$$

其频率响应为

$$W(\mathrm{e}^{\mathrm{j}\omega}) = \left\{ 0.5 W_{\mathrm{Ra}}(\omega) + 0.25 \left[W_{\mathrm{Ra}} \left(\omega - \frac{2\pi}{N-1} \right) + W_{\mathrm{Ra}} \left(\omega + \frac{2\pi}{N-1} \right) \right] \right\} \mathrm{e}^{-\mathrm{j} \left(\frac{N-1}{2} \right) \omega}$$

$$\approx \left\{ 0.5 W_{\mathrm{Ra}}(\omega) + 0.25 \left[W_{\mathrm{Ra}} \left(\omega - \frac{2\pi}{N} \right) + W_{\mathrm{Ra}} \left(\omega + \frac{2\pi}{N} \right) \right] \right\} \mathrm{e}^{-\mathrm{j} \left(\frac{N-1}{2} \right) \omega} \quad (N \gg 1)$$

幅度响应为

$$W(\omega) \approx 0.5 W_{\mathrm{Ra}}(\omega) + 0.25 \left[W_{\mathrm{Ra}} \left(\omega - \frac{2\pi}{N} \right) + W_{\mathrm{Ra}} \left(\omega + \frac{2\pi}{N} \right) \right] \tag{5.50}$$

幅度谱中的 3 个部分叠加让旁瓣互相抵消,从而使能量更有效地集中于主瓣内,但付出的代价是主瓣宽度增加,主瓣宽度为矩形窗宽的两倍,如图 5.13 所示。

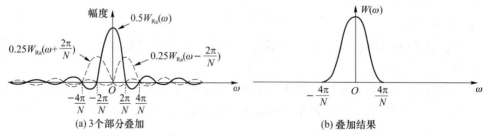

图 5.13 汉宁窗的幅度响应

汉宁窗的最大旁瓣峰值为 $\alpha_p = -32$ dB，主瓣带宽为 $\frac{8\pi}{N}$，过渡带宽为 $\Delta\omega = \frac{6.2\pi}{N}$，$A_s = -44$ dB，与矩形窗相比，最小阻带衰减性能显著提高，但过渡带明显增大。

（2）汉明窗

进一步调整升余弦窗表达式中常系数的取值，可以得到汉明窗，其旁瓣幅度进一步被减小。长度为 N 的汉明窗定义为

$$w(n) = 0.54 - 0.46\cos\frac{2n\pi}{N-1}, \quad n = 0, 1, 2, \ldots, N-1 \tag{5.51}$$

窗谱的幅度函数为

$$W(\omega) = 0.54W_{Ra}(\omega) + 0.23W_{Ra}\left(\omega - \frac{2\pi}{N-1}\right) + 0.23W_{Ra}\left(\omega + \frac{2\pi}{N-1}\right)$$

$$\approx 0.54W_{Ra}(\omega) + 0.23W_{Ra}\left(\omega - \frac{2\pi}{N}\right) + 0.23W_{Ra}\left(\omega + \frac{2\pi}{N}\right) \tag{5.52}$$

通过系数的微调，99.963% 的能量集中在了窗谱的主瓣内。与汉宁窗相比，主瓣宽度为 $\frac{8\pi}{N}$，但 $\alpha_p = -43$ dB，过渡带带宽为 $\Delta\omega = \frac{6\pi}{N}$，$A_s = -53$ dB。

（3）布莱克曼窗

长度为 N 的布莱克曼窗的定义为

$$w(n) = 0.42 - 0.5\cos\frac{2n\pi}{N-1} + 0.08\cos\frac{2\pi}{N-1}2n, \quad n = 0, 1, 2, \cdots, N-1 \tag{5.53}$$

布莱克曼窗通过增加余弦的二次谐波分量，进一步抑制旁瓣，其幅度函数为

$$W(\omega) = 0.42W_{Ra}(\omega) - 0.25\left[W_{Ra}\left(\omega - \frac{2\pi}{N-1}\right) + W_{Ra}\left(\omega + \frac{2\pi}{N-1}\right)\right] +$$

$$0.04\left[W_{Ra}\left(\omega - \frac{4\pi}{N-1}\right) + W_{Ra}\left(\omega + \frac{4\pi}{N-1}\right)\right]$$

$$\approx 0.42W_{Ra}(\omega) - 0.25\left[W_{Ra}\left(\omega - \frac{2\pi}{N}\right) + W_{Ra}\left(\omega + \frac{2\pi}{N}\right)\right] +$$

$$0.04\left[W_{Ra}\left(\omega - \frac{4\pi}{N}\right) + W_{Ra}\left(\omega + \frac{4\pi}{N}\right)\right] \tag{5.54}$$

布莱克曼窗谱的旁瓣虽然得到了抑制，但是其主瓣宽度却比矩形窗谱的主瓣宽度大了三倍，为 $\frac{12\pi}{N}$，过渡带带宽为 $\Delta\omega = 11\pi/N$，$A_s = -74$ dB。

3. 凯瑟窗（Kaiser window）

上述几种改进的窗函数都以牺牲主瓣宽度来换取对旁瓣的抑制，但由于参数固定（旁瓣幅度固定），因此不能给出明确的互换关系。凯瑟窗则是可调节的，能定量地反映窗谱主瓣宽度和旁瓣衰减之间的关系，从而实现用同一种窗函数来满足不同性能需求的目的。此外，凯瑟窗还能在满足相同性能指标的条件下，实现最陡峭的过渡带。

凯瑟窗是一组参数可调、由零阶贝塞尔函数构成的窗函数，定义如下：

$$w(n) = \frac{I_0\left(\beta\sqrt{1 - \left(1 - \frac{2n}{N-1}\right)^2}\right)}{I_0(\beta)}, \quad 0 \leqslant n \leqslant N-1 \tag{5.55}$$

其中 $I_0(x)$ 是零阶第一类修正贝塞尔函数，β 是一个可调参数，用于调整窗的形状从而获得不同的阻带衰减。而通过选择不同的 N，可以得到不同过渡带宽度和接近最优阻带衰减的窗函数。

（1）固定 N 而改变 β 时，凯瑟窗可以提供不同的过渡带带宽。图 5.14 给出了 N 为 50 而 β 分别为 1、10、20 时的 3 个凯瑟窗。可以看出，参数 β 越大，其频谱的旁瓣越小，但主瓣宽度相应地增加，因而可以通过改变 β 值在主瓣宽度和旁瓣衰减之间进行性能选择。

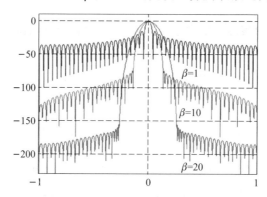

图 5.14　凯瑟窗函数固定 N 改变 β
（注：横坐标为归一化频率，纵坐标为衰减。）

（2）固定 β 而改变 N 时，如图 5.15 所示，尽管 N 不同但此时最大旁瓣峰值保持不变。

考虑到贝塞尔函数较为复杂，基于凯瑟窗设计线性相位 FIR 数字滤波器常采用如下的经验公式。

给定通带截止频率 ω_p、阻带截止频率 ω_s、阻带最小衰减 A_s，参数 β 的定义如下：

$$\beta = \begin{cases} 0.110\,2(A_s-8.7), & A_s>50 \\ 0.584\,2(A_s-21)^{0.4}+0.078\,86(A_s-21), & 21{\leqslant}A_s{\leqslant}50 \\ 0, & A_s<21 \end{cases}$$

对于过渡带带宽 $\Delta\omega=\omega_s-\omega_p$，凯瑟窗的长度 N 可由式（5.56）或式（5.57）计算：

$$N=\frac{A_s-7.95}{2.286\Delta\omega}+1 \tag{5.56}$$

$$N=\frac{A_s-7.95}{14.36\Delta f}+1 \tag{5.57}$$

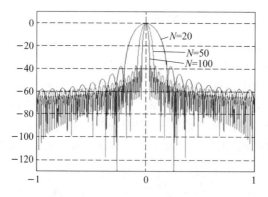

图 5.15　凯瑟窗函数固定 β 改变 N
（注：横坐标为归一化频率，纵坐标为衰减。）

表 5.2 总结了几种常用窗函数的性能指标，以及加窗后相应滤波器的精确过渡带带宽

和最小阻带衰减。除了近似过渡带带宽,表中还列出了精确过渡带带宽,以适应滤波器设计
的不同需求。

表 5.2　常用窗函数的性能指标

窗函数	最大旁瓣峰值 α_p/dB	主瓣宽度 (近似过渡带带宽)	加窗后滤波器的 精确过渡带带宽 $\Delta\omega$	加窗后滤波器的 阻带最小衰减/dB
矩形窗	-13	$\dfrac{4\pi}{N}$	$\dfrac{1.8\pi}{N}$	-21
汉宁窗	-31	$\dfrac{8\pi}{N}$	$\dfrac{6.2\pi}{N}$	-44
汉明窗	-41	$\dfrac{8\pi}{N}$	$\dfrac{6.6\pi}{N}$	-53
布莱克曼窗	-57	$\dfrac{12\pi}{N}$	$\dfrac{11\pi}{N}$	-74
凯瑟窗($\beta=7.865$)	-57	$\dfrac{10\pi}{N}$	$\dfrac{10\pi}{N}$	-80

5.3.4　利用窗函数法设计线性相位 FIR 数字滤波器的步骤

利用窗函数法设计线性相位 FIR 数字滤波器的步骤如下。

(1) 根据要设计滤波器的性能指标(阻带最小衰减、过渡带带宽)选择窗函数的类型,并计算出窗口长度。先查表 5.2,按照阻带衰减 A_s 选择最合适的窗函数。所谓最合适是指在满足阻带衰减的条件下选择主瓣最窄的窗函数。随后,根据过渡带带宽求得窗口长度 N:

$$N = \left\lceil \frac{\text{要求的过渡带}}{\text{滤波器过渡带}} \right\rceil \tag{5.58}$$

最后,根据线性相位 FIR 数字滤波器的类型来决定 N 取奇数还是偶数。

(2) 采用标准窗函数法构造期望逼近的 FIR 数字滤波器的频率响应函数 $H_d(e^{j\omega})$,即

$$H_d(e^{j\omega}) = H_{da}(\omega)e^{-j\tau\omega} \tag{5.59}$$

其中 $\tau = \dfrac{N-1}{2}$。标准窗函数法就是选择 $H_d(e^{j\omega})$ 为线性相位的理想滤波器(低通、高通、带通、带阻)。例如,理想低通的幅度响应满足

$$H_{da}(\omega) = \begin{cases} 1, & |\omega| \leqslant \omega_c \\ 0, & \text{其他} \end{cases} \tag{5.60}$$

因此

$$H_d(e^{j\omega}) = \begin{cases} e^{-j\tau\omega}, & |\omega| \leqslant \omega_c \\ 0, & \text{其他} \end{cases} \tag{5.61}$$

(3) 利用 ITDFT 计算单位冲激响应 $h_d(n)$:

$$h_d(n) = \frac{1}{2\pi}\int_{-\pi}^{\pi} H_d(e^{j\omega})e^{j\omega n}\,d\omega = \frac{1}{2\pi}\int_{-\omega_c}^{\omega_c} e^{-j\omega\tau}e^{j\omega n}\,d\omega = \frac{\sin(n-\tau)\omega_c}{(n-\tau)\pi} \tag{5.62}$$

为满足线性相位特性,$\tau = \dfrac{N-1}{2}$。注意:如果期望的频率响应 $H_d(e^{j\omega})$ 并非理想滤波器,即存在过渡带,那么截止频率 ω_c 使用过渡带的中点频率(即通带边缘频率和阻带边缘频率的均值),如图 5.16 所示。

$$\omega_{\mathrm{c}}=\omega_{\mathrm{p}}+\frac{\text{过渡带带宽}}{2}=\omega_{\mathrm{p}}+\frac{\omega_{\mathrm{s}}-\omega_{\mathrm{p}}}{2}=\frac{\omega_{\mathrm{s}}+\omega_{\mathrm{p}}}{2} \tag{5.63}$$

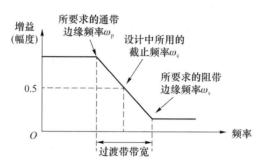

图 5.16 非理想条件截止频率 ω_{c} 的确定

（4）加窗获得设计结果：

$$h(n)=h_{\mathrm{d}}(n)w(n), \quad n=0,1,\cdots,N-1 \tag{5.64}$$

需要说明的是：对于能用解析式表达，且 DTFT 反变换 $h_{\mathrm{d}}(n)=\dfrac{1}{2\pi}\displaystyle\int_{-\pi}^{\pi}H_{\mathrm{d}}(\mathrm{e}^{\mathrm{j}\omega})\mathrm{e}^{\mathrm{j}n\omega}\mathrm{d}\omega$ 容易求的滤波器 $H_{\mathrm{d}}(\mathrm{e}^{\mathrm{j}\omega})$，窗函数法是设计线性相位 FIR 数字滤波器较为方便的一种方法，但如果 $h_{\mathrm{d}}(n)$ 不易求得，则使用该方法较为困难。实际上，窗函数法设计线性相位 FIR 数字滤波器的关键在于确定窗函数的类型 $w(n)$ 及窗的长度 N。在一般情况下，在满足滤波器基本性能（阻带最小衰减和过渡带宽）的前提下，应尽量减小窗的长度，从而减小滤波器的实现成本。下面通过例题来说明窗函数法的具体设计过程。

1. 线性相位 FIR 数字低通滤波器的设计

【例 5.3】设计一个线性相位 FIR 数字低通滤波器，希望的频率响应如图 5.17 所示，频率响应函数为

$$H_{\mathrm{d}}(\mathrm{e}^{\mathrm{j}\omega})=\begin{cases} \mathrm{e}^{-\mathrm{j}\tau\omega}, & |\omega|\leqslant\omega_{\mathrm{c}} \\ 0, & \text{其他} \end{cases}$$

其中 $\omega_{\mathrm{c}}=0.25\pi$。窗函数 $w(n)$ 的长度 $N=11$，分别采用矩形窗和汉明窗实现，观察加窗后对滤波器幅频特性的影响。

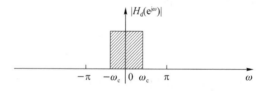

图 5.17 理想 FIR 数字低通滤波器的幅度响应

解：根据式（5.62）和式（5.64），有

$$h_{\mathrm{d}}(n)=\frac{\sin(n-\tau)\omega_{\mathrm{c}}}{(n-\tau)\pi}$$

以及

$$h(n)=h_{\mathrm{d}}(n)w(n)$$

将 $\omega_{\mathrm{c}}=0.25\pi$ 代入上式，得

$$h(n) = h_d(n)w(n) = \frac{\sin(n-\tau) \cdot 0.25\pi}{(n-\tau)\pi} w(n)$$

当 $N=11$ 时，$\tau=5$。

加矩形窗时，对应的 $h(n)$ 为

$$h(n) = h_d(n), \quad n = 0, \cdots, 10$$

加汉明窗时，对应的 $h(n)$ 为

$$w(n) = 0.54 - 0.46\cos\frac{2n\pi}{N-1}, \quad n = 0, \cdots, 10$$

$$h(n) = h_d(n)w(n), \quad n = 0, \cdots, 10$$

图 5.18(a)显示了矩形窗长度不同时的幅频特性，而图 5.18(b)则比较了长度相同时矩形窗和汉明窗的区别。

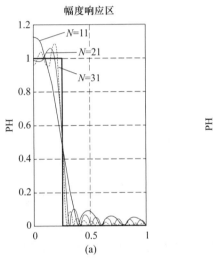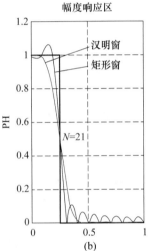

图 5.18 加窗后滤波器的幅频特性

从图 5.18(a)中可以看到，当 N 取 11、21、31 时，$H(e^{j\omega})$ 不同程度地逼近 $H_d(e^{j\omega})$。N 过小时，通带过窄，且阻带内波动较大，随着 N 的增加，通频带接近 0.25π，阻带内波动减小，但通带内也出现了波动，且随着 N 的继续增加，波纹并不能消失。从图 5.18(b)中可以看出，使用汉明窗后，通带内的波动基本消失，阻带内的波动也明显减小，滤波器的性能得到了改善，但这是以过渡带的加宽为代价的。

【例 5.4】根据下列指标设计线性相位 FIR 数字低通滤波器：通带边缘频率为 $f_p = 2\,\text{kHz}$，阻带边缘频率为 $f_{\text{stop}} = 3\,\text{kHz}$，阻带衰减为 $-40\,\text{dB}$，取样频率为 $f_s = 10\,\text{kHz}$。

解：（1）求对应的数字角频率。

过渡带宽 $\Delta f = 3 - 2 = 1\,\text{kHz}$，将其转换为数字角频率：

$$\Delta\omega = 2\pi\frac{\Delta f}{f_s} = \frac{2\pi \times 1}{10} = 0.2\pi\,\text{rad}$$

截止频率 f_c：

$$f_c = \frac{f_p + f_{\text{stop}}}{2} = 2.5\,\text{kHz}$$

数字截止频率：

$$\omega_{c}=2\pi\frac{f_{c}}{f_{s}}=0.5\pi\ \mathrm{rad}$$

（2）求理想线性相位 FIR 数字滤波器的冲激响应。设理想线性相位 FIR 数字滤波器为

$$H_{d}(e^{j\omega})=\begin{cases}e^{-j\omega\tau}, & |\omega|\leqslant\omega_{c}\\0, & \text{其他}\end{cases}$$

由此可得冲激响应：

$$h_{d}(n)=\frac{1}{2\pi}\int_{-\pi}^{\pi}e^{-j\omega\tau}e^{j\omega n}d\omega=\frac{1}{2\pi}\int_{-\omega_{c}}^{\omega_{c}}e^{j\omega(n-\tau)}d\omega=\frac{\sin[(n-\tau)\omega_{c}]}{(n-\tau)\pi}=\frac{\sin(n-\tau)\cdot0.5\pi}{(n-\tau)\pi}$$

（3）由阻带衰减确定窗函数。此处阻带衰减为 -40 dB，通过查表 5.2 可知，应选汉宁窗：

$$w(n)=0.5-0.5\cos\frac{2n\pi}{N-1}, \quad n=0,1,2,\cdots,N-1$$

（4）由精确过渡带带宽确定窗口长度，从而确定滤波器的单位冲激响应。

$$N=\left\lceil\frac{6.2\pi}{0.2\pi}\right\rceil=31$$

则 $\tau=\dfrac{N-1}{2}=15$。此滤波器的冲激响应为

$$h(n)=\frac{\sin[(n-15)\times0.5\pi]}{(n-15)\pi}\times w(n), \quad n=0,\cdots,30$$

2. 线性相位 FIR 数字高通、带通和带阻滤波器的设计

对于高通、带通和带阻等类型的线性相位 FIR 数字滤波器设计，其与线性相位 FIR 数字低通滤波器设计的主要区别在于对单位冲激响应 $h_d(n)$ 的求解结果不同，因此只需改变求 $h_d(n)$ 的傅里叶反变换式中的积分区间即可，其他过程与线性相位 FIR 数字低通滤波器的设计类似。

（1）线性相位 FIR 数字高通滤波器的设计

如图 5.19 所示，理想 FIR 数字高通滤波器的频率响应为

$$H_{d}(e^{j\omega})=\begin{cases}e^{-j\tau\omega}, & \omega_{c}\leqslant|\omega|\\0, & \text{其他}\end{cases} \tag{5.65}$$

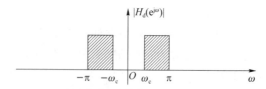

图 5.19　理想 FIR 数字高通滤波器的幅度响应

单位冲激响应 $h_d(n)$ 为

$$h_{d}(n)=\frac{1}{2\pi}\int_{-\pi}^{\pi}H_{d}(e^{j\omega})e^{j\omega n}d\omega=\frac{1}{2\pi}\int_{-\pi}^{-\omega_{c}}e^{j(n-\tau)\omega}d\omega+\frac{1}{2\pi}\int_{\omega_{c}}^{\pi}e^{j(n-\tau)\omega}d\omega$$

$$=\frac{1}{j2(n-\tau)\pi}\left[(e^{-j(n-\tau)\omega_{c}}-e^{-j(n-\tau)\pi})+(e^{j(n-\tau)\pi}-e^{j(n-\tau)\omega_{c}})\right]$$

$$= \frac{1}{\mathrm{j}2(n-\tau)\pi}\big[\cos(n-\tau)\omega_c - \mathrm{j}\sin(n-\tau)\omega_c - \cos(n-\tau)\pi + \mathrm{j}\sin(n-\tau)\pi +$$

$$\cos(n-\tau)\pi + \mathrm{j}\sin(n-\tau)\pi - \cos(n-\tau)\omega_c - \mathrm{j}\sin(n-\tau)\omega_c\big]$$

经简化合并有

$$h_d(n) = \frac{\sin[(n-\tau)\pi] - \sin[(n-\tau)\omega_c]}{(n-\tau)\pi} \tag{5.66}$$

从上述结果可以看出,一个高通滤波器相当于用一个全通滤波器($\omega_c = \pi$ 时)减去一个低通滤波器,即 $h_{hp}(n) = h_{ap}(n) - h_{lp}(n)$,对应的系统函数为 $H_{hp}(z) = H_{ap}(z) - H_{lp}(z)$,如图 5.20 所示。

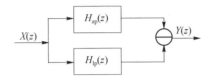

图 5.20 由全通和低通滤波器实现高通滤波器

(2) 线性相位 FIR 数字带通滤波器的设计

如图 5.21 所示,理想 FIR 数字带通滤波器的频率响应

$$H_d(\mathrm{e}^{\mathrm{j}\omega}) = \begin{cases} \mathrm{e}^{-\mathrm{j}\tau\omega}, & \omega_l \leqslant |\omega| \leqslant \omega_h \\ 0, & \text{其他} \end{cases} \tag{5.67}$$

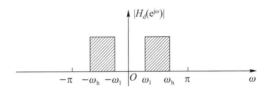

图 5.21 理想 FIR 带通滤波器的幅度响应

单位冲激响应 $h_d(n)$ 为

$$h_d(n) = \frac{1}{2\pi}\int_{-\omega_h}^{-\omega_l}\mathrm{e}^{\mathrm{j}(n-\tau)\omega}\mathrm{d}\omega + \frac{1}{2\pi}\int_{\omega_l}^{\omega_h}\mathrm{e}^{\mathrm{j}(n-\tau)\omega}\mathrm{d}\omega$$

易得

$$h_d(n) = \frac{\sin[(n-\tau)\omega_h] - \sin[(n-\tau)\omega_l]}{(n-\tau)\pi} \tag{5.68}$$

显然,如图 5.22 所示,一个数字带通滤波器相当于两个截止频率不同的数字低通滤波器相减,(其中一个截止频率为 ω_h,另一个为 ω_l):$h_{bp}(n) = h_{lph}(n) - h_{lpl}(n)$,系统的系统函数为 $H_{bp}(z) = H_{lph}(z) - H_{lpl}(z)$。

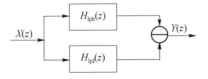

图 5.22 两个数字低通滤波器相减实现数字带通滤波器

一个数字带通滤波器还相当于一个数字低通滤波器和一个数字高通滤波器的级联，即先经过一个数字低通滤波器，再经过一个数字高通滤波器，如图 5.23 所示。其冲激响应为 $h_{bp}(n)=h_{lp}(n) * h_{hp}(n)$，系统的系统函数为 $H_{bp}(z)=H_{lp}(z)H_{hp}(z)$。

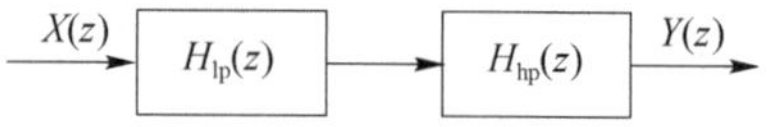

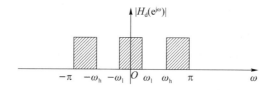

图 5.23　由数字低通和高通滤波器相乘实现数字带通滤波器

（3）线性相位 FIR 数字带阻滤波器的设计

如图 5.24 所示，理想的 FIR 数字带阻滤波器的频率响应为

$$H_d(e^{j\omega}) = \begin{cases} e^{-j\tau\omega} & |\omega| \leqslant \omega_l, \omega_h \leqslant |\omega| \\ 0, & \text{其他} \end{cases} \tag{5.69}$$

则

$$h_d(n) = \frac{1}{2\pi}\int_{-\pi}^{-\omega_h} e^{j(n-\tau)\omega}d\omega + \frac{1}{2\pi}\int_{-\omega_l}^{\omega_l} e^{j(n-\tau)\omega}d\omega + \frac{1}{2\pi}\int_{\omega_h}^{\pi} e^{j(n-\tau)\omega}d\omega \tag{5.70}$$

可得

$$h_d(n) = \frac{\sin[(n-\tau)\omega_l] + \sin[(n-\tau)\pi] - \sin[(n-\tau)\omega_h]}{(n-\tau)\pi} \tag{5.71}$$

图 5.24　理想的 FIR 数字带阻滤波器的幅度响应

如图 5.25 所示，一个数字带阻滤波器相当于一个数字低通滤波器加上一个数字高通滤波器，数字低通滤波器的截止频率为 ω_l，数字高通滤波器的截止频率为 ω_h。冲激响应为 $h_{bs}(n)=h_{lp}(n)+h_{hp}(n)$，系统的系统函数为 $H_{bs}(z)=H_{lp}(z)+H_{hp}(z)$。

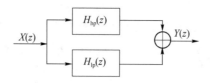

图 5.25　由数字低通和高通滤波器实现数字带阻滤波器

表 5.3 总结了 4 种理想 FIR 数字滤波器的频率响应 $H_d(e^{j\omega})$ 和对应的单位冲激响应 $h_d(n)$，根据该表能够很方便地进行复杂类型 FIR 数字滤波器的设计。

表 5.3　理想 FIR 数字滤波器的频率响应和单位冲激响应

类型	频率响应 $H_d(e^{j\omega})\left(\tau=\dfrac{N-1}{2}\right)$	单位冲激响应 $h_d(n)=\dfrac{1}{2\pi}\displaystyle\int_{-\pi}^{\pi}H_d(e^{j\omega})e^{j\omega n}d\omega$
理想低通	$\begin{cases}e^{-j\tau\omega}, & \|\omega\|\leqslant\omega_c \\ 0, & 其他\end{cases}$	$\dfrac{\sin(n-\tau)\omega_c}{(n-\tau)\pi}$
理想高通	$\begin{cases}e^{-j\tau\omega}, & \omega_c\leqslant\|\omega\| \\ 0, & 其他\end{cases}$	$\dfrac{\sin(n-\tau)\pi}{(n-\tau)\pi}-\dfrac{\sin(n-\tau)\omega_c}{(n-\tau)\pi}$
理想带通	$\begin{cases}e^{-j\tau\omega}, & \omega_l\leqslant\|\omega\|\leqslant\omega_h \\ 0, & 其他\end{cases}$	$\dfrac{\sin(n-\tau)\omega_h}{(n-\tau)\pi}-\dfrac{\sin(n-\tau)\omega_l}{(n-\tau)\pi}$
理想带阻	$\begin{cases}e^{-j\tau\omega}, & \|\omega\|\leqslant\omega_l,\omega_h\leqslant\|\omega\| \\ 0, & 其他\end{cases}$	$\dfrac{\sin(n-\tau)\omega_l}{(n-\tau)\pi}+\dfrac{\sin(n-\tau)\pi}{(n-\tau)\pi}-\dfrac{\sin(n-\tau)\omega_h}{(n-\tau)\pi}$

【例 5.5】给取样频率为 22 kHz 的系统设计一个线性相位 FIR 数字带通滤波器,中心频率为 4 kHz,通带边缘在 3.5 kHz 和 4.5 kHz 之间,过渡带带宽为 500 Hz,阻带衰减为 -51 dB。

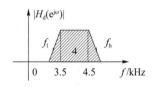

图 5.26　例 5.5 的幅度响应

解:过渡带带宽为 500 Hz,将其转换为数字频率:$2\pi\dfrac{\Delta f}{f_s}=\dfrac{2\pi\times0.5}{22}=0.045\,5\pi$。

截止频率:

$$f_l=f_{lc}-\dfrac{0.5}{2}=3.5-0.25=3.25\ kHz$$

$$f_h=f_{hc}+\dfrac{0.5}{2}=4.5+0.25=4.75\ kHz$$

数字截止频率:

$$\omega_l=2\pi\dfrac{f_l}{f_s}=0.304\,5\pi$$

$$\omega_h=2\pi\dfrac{f_h}{f_s}=0.431\,8\pi$$

由式(5.68)可得线性相位 FIR 数字带通滤波器的单位冲激响应:

$$h_d(n)=\dfrac{\sin[(n-\tau)\omega_h]-\sin[(n-\tau)\omega_l]}{(n-\tau)\pi}$$

其中 $\tau=\dfrac{N-1}{2}$。下面确定窗函数类型及其长度 N。

窗函数:因为阻带衰减为 -51 dB,所以选择汉明窗可满足要求。

$$w(n)=0.54-0.46\cos\dfrac{2n\pi}{N-1},\quad n=0,1,2,\cdots,N-1$$

窗口长度为

$$N=\left\lceil\dfrac{6.6\pi}{0.045\,5\pi}\right\rceil=146$$

选择 N 为奇数,因此取 $N=147$,则 $M=73$。则此数字滤波器的冲激响应为

$$h(n)=\frac{\sin[(n-73)\times 0.431\,8\pi]-\sin[(n-73)\times 0.304\,5\pi]}{(n-73)\pi}\times w(n),\quad n=0,\cdots,146$$

5.4 频率取样法设计 FIR 数字滤波器

线性相位 FIR 数字滤波器除了采用窗函数法在时域实现外,即用有限长的单位冲激响应 $h(n)$ 去逼近无限长理想滤波器的 $h_d(n)$,还可以在频域以有限个(N 个)频率响应 $H(e^{j\omega})$ 的取样去逼近理想滤波器的频率响应 $H_d(e^{j\omega})$,即

$$H(e^{j\omega})\Big|_{\omega=\frac{2\pi k}{N}}=H(k)=H_d(k)=H_d(e^{j\omega})\Big|_{\omega=\frac{2\pi k}{N}},\quad k=0,\cdots,N-1 \tag{5.72}$$

式(5.72)就是频率取样法的核心思想。

5.4.1 频率取样法的基本思想

频率取样法的基本思想包括以下步骤。

(1) 对理想滤波器频率响应 $H_d(e^{j\omega})$ 在 $[0,2\pi]$ 内等间隔采样 N 点,得到 $H_d(k)$:

$$H_d(k)=H_d(e^{j\omega})\Big|_{\omega=\frac{2\pi k}{N}},\quad k=0,\cdots,N-1 \tag{5.73}$$

(2) 对 $H_d(k)$ 进行 N 点 IDTFT,得到 $h(n)$:

$$h(n)=\frac{1}{N}\sum_{k=0}^{N-1}H_d(k)W_N^{-kn},\quad n=0,\cdots,N-1 \tag{5.74}$$

(3) 将 $h(n)$ 当作设计线性相位 FIR 数字滤波器的单位冲激响应,求出系统函数 $H(z)$:

$$H(z)=\sum_{n=0}^{N-1}h(n)z^{-n} \tag{5.75}$$

此外,利用 z 域内插公式,可以直接由频域采样值 $H_d(k)$ 求出系统函数 $H(z)$,即

$$H(z)=\frac{1-z^{-N}}{N}\sum_{k=0}^{N-1}\frac{H_d(k)}{1-W_N^{-k}z^{-1}}=\frac{1}{N}\sum_{k=0}^{N-1}H_d(k)\frac{1-z^{-N}}{1-W_N^{-k}z^{-1}} \tag{5.76}$$

5.4.2 逼近误差

根据频域内插公式,可以直接由频域采样值 $H_d(k)$ 求出系统的频率响应 $H(e^{j\omega})$,即

$$H(e^{j\omega})=\sum_{k=0}^{N-1}H_d(k)\varphi\left(\omega-\frac{2\pi}{N}k\right) \tag{5.77}$$

$$\varphi(\omega)=\frac{1}{N}\frac{\sin\frac{N\omega}{2}}{\sin\frac{\omega}{2}}e^{-j\omega\frac{N-1}{2}} \tag{5.78}$$

式(5.77)和式(5.78)表明:

(1) 在频率取样点 $\omega=\frac{2\pi k}{N}$($k=0,\cdots,N-1$)上,$\varphi\left(\omega-\frac{2\pi}{N}k\right)=1$,因此取样点处的

$$H(\mathrm{e}^{\mathrm{j}\omega})\bigg|_{\omega=\frac{2\pi k}{N}}=H_{\mathrm{d}}(k)=H(k)$$ ，误差为 0 。

（2）在两个频率取样点之间，频率响应 $H(\mathrm{e}^{\mathrm{j}\omega})$ 是由各取样点间内插函数的加权确定的，因此，存在逼近误差，且误差大小取决于理想频率响应 $H_{\mathrm{d}}(\mathrm{e}^{\mathrm{j}\omega})$ 的形状以及取样点数 N 。一般来说， $H_{\mathrm{d}}(\omega)$ 波形越平坦，取样点数 N 越大，则由内插所引入的误差越小；反之，误差越大。因此，在 $H_{\mathrm{d}}(\omega)$ 的不连续点附近会产生肩峰和波动。如图 5.27 所示，理想低通滤波器在等间隔取样后出现了比较大的肩峰和波动。

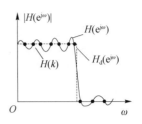

图 5.27　理想低通滤波器频率响应的等间隔取样

为了减小逼近误差，即减小通带边缘处由于取样点的突变而引起的振荡起伏，可以在理想频率响应的不连续点边缘增加取样点，通过增加过渡带宽来减小频带边缘的振荡，进而增大阻带衰减。增加的取样点数不同，产生的效果也不同。经验数据显示，在线性相位 FIR 数字低通滤波器的设计中，增加 1 个过渡取样点，阻带最小衰减 A_{s} 为 $-44\ \mathrm{dB}\sim-54\ \mathrm{dB}$ ；增加 2 个过渡取样点， A_{s} 为 $-65\ \mathrm{dB}\sim-75\ \mathrm{dB}$ ；增加 3 个过渡取样点时， A_{s} 为 $-85\ \mathrm{dB}\sim-95\ \mathrm{dB}$ 。

5.4.3　线性相位 FIR 数字滤波器对 $H_{\mathrm{d}}(k)$ 的约束

本节仅讨论严格线性相位〔 $h(n)=h(N-1-n)$ 〕FIR 数字滤波器对 $H_{\mathrm{d}}(k)$ 的要求。下面以 Ⅰ 型线性相位 FIR 滤波器为例推导约束条件。此时，频率响应为

$$H_{\mathrm{d}}(\mathrm{e}^{\mathrm{j}\omega})=H_{\mathrm{da}}(\omega)\mathrm{e}^{\mathrm{j}\varphi(\omega)}$$

$$\varphi(\omega)=-\frac{N-1}{2}\omega \tag{5.79}$$

其中

$$H(\omega)=\sum_{n=0}^{\frac{N-1}{2}}a(n)\cos n\omega \tag{5.80}$$

显然， $H_{\mathrm{da}}(\omega)$ 是 ω 的偶函数，并且以 2π 为周期，即

$$H_{\mathrm{da}}(\omega)=H_{\mathrm{da}}(2\pi-\omega) \tag{5.81}$$

让 ω 在 $0\sim2\pi$ 等间隔取样 N 点，记

$$\omega_k=\frac{2\pi}{N}k,\quad k=0,\cdots,N-1 \tag{5.82}$$

将 ω_k 代入式(5.81)，写成 k 的函数，则有

$$H_{\mathrm{da}}(\omega_k)=H_{\mathrm{da}}\left(\frac{2\pi}{N}k\right)=H_{\mathrm{d}}(k) \tag{5.83}$$

和

$$H_{\mathrm{da}}(2\pi-\omega_k)=H_{\mathrm{d}}\left[\frac{2\pi}{N}(N-k)\right]=H_{\mathrm{d}}(N-k) \tag{5.84}$$

将 ω_k 代入式(5.79)，有

$$\varphi(k)=\varphi\left(\frac{2\pi}{N}k\right)=-\frac{N-1}{2}\cdot\frac{2\pi}{N}k=-\frac{N-1}{N}\cdot\pi k \tag{5.85}$$

综合式(5.83)～(5.85)，可得到 Ⅰ 型线性相位 FIR 数字滤波器的约束关系：

$$\begin{cases} H_d(k) = H_d(N-k) \\ \varphi(k) = -\dfrac{N-1}{N}\pi k \end{cases} \tag{5.86}$$

同理,可得到其他 3 种类型线性相位 FIR 数字滤波器的约束条件。

Ⅱ 型线性相位 FIR 数字滤波器的约束条件:

$$\begin{cases} H_d(k) = -H_d(N-k) \\ \varphi(k) = -\dfrac{N-1}{N}\pi k \end{cases} \tag{5.87}$$

Ⅲ 型线性相位 FIR 数字滤波器的约束条件:

$$\begin{cases} H_d(k) = -H_d(N-k) \\ \varphi(k) = \dfrac{\pi}{2} - \dfrac{N-1}{N}\pi k \end{cases} \tag{5.88}$$

Ⅳ 型线性相位 FIR 数字滤波器的约束条件:

$$\begin{cases} H_d(k) = H_d(N-k) \\ \varphi(k) = \dfrac{\pi}{2} - \dfrac{N-1}{N}\pi k \end{cases} \tag{5.89}$$

【例 5.6】试用频率取样法设计一个线性相位 FIR 数字低通滤波器,已知 $\omega_c = 0.5\pi$ rad, $N=51$。

解:根据题意有

$$|H_d(e^{j\omega})| = \begin{cases} 1, & 0 \leqslant \omega \leqslant \omega_c \\ 0, & \text{其他} \end{cases}$$

则

$$|H_d(k)| = \begin{cases} 1, & 0 \leqslant k \leqslant \left\lfloor \dfrac{N\omega_c}{2\pi} \right\rfloor = 12 \\ 0, & 13 \leqslant k \leqslant \dfrac{N-1}{2} = 25 \end{cases}$$

所以

$$H(e^{j\omega}) = e^{-j25\omega} \left\{ \frac{\sin\frac{51}{2}\omega}{51\sin\frac{\omega}{2}} + \sum_{k=1}^{12} \left[\frac{\sin\left[51\left(\frac{\omega}{2} - \frac{k\pi}{51}\right)\right]}{51\sin\left(\frac{\omega}{2} - \frac{k\pi}{51}\right)} + \frac{\sin\left[51\left(\frac{\omega}{2} + \frac{k\pi}{51}\right)\right]}{51\sin\left(\frac{\omega}{2} + \frac{k\pi}{51}\right)} \right] \right\}$$

【例 5.7】利用频率取样法设计一个线性相位 FIR 数字低通滤波器,给定 $N=21$,通带截止频率为 $\omega_c = 0.15\pi$ rad。求出 $h(n)$,为了改善其频率响应应采取什么措施?

解:(1)确定希望逼近的理想数字低通滤波器的频率响应函数 $H_d(e^{j\omega})$:

$$H_d(e^{j\omega}) = \begin{cases} e^{-j\omega\alpha}, & 0 \leqslant \omega \leqslant 0.15\pi \\ 0, & 0.15\pi < |\omega| \leqslant \pi \end{cases}$$

其中 $\alpha = \dfrac{N-1}{2} = 10$。

(2)取样:

$$H_d(k) = H_d(e^{j\frac{2\pi}{N}k}) = \begin{cases} e^{-j\frac{N-1}{N}\pi k} = e^{-j\frac{20}{21}\pi k}, & k = 0, 1 \\ 0, & 2 \leqslant k \leqslant 10 \end{cases}$$

（3）求 $h(n)$：

$$h(n) = \text{IDFT}[H_{\text{d}}(k)] = \frac{1}{N}\sum_{k=0}^{N-1} H_{\text{d}}(k) W_N^{-kn}$$

$$= \frac{1}{21}\left[1 + e^{-j\frac{20\pi}{21}}W_{21}^{-n} + e^{-j\frac{20\pi}{21}\times 20}W_{21}^{-20n}\right]$$

$$= \frac{1}{21}\left[1 + e^{j\frac{2\pi}{21}(n-10)} + e^{-j\frac{400\pi}{21}}e^{j\frac{40}{21}\pi n}\right]$$

因为

$$e^{-j\frac{400}{21}\pi} = e^{j\frac{20}{21}\pi}, \quad e^{j\frac{40}{21}\pi n} = e^{j\left(\frac{42\pi}{21} - \frac{2\pi}{21}\right)n} = e^{-j\frac{2\pi}{21}n}$$

所以

$$h(n) = \frac{1}{21}\left[1 + e^{j\frac{2\pi}{21}(n-10)} + e^{-j\frac{2\pi}{21}(n-10)}\right] = \frac{1}{21}\left[1 + 2\cos\left(\frac{2\pi}{21}(n-10)\right)\right]$$

为了改善阻带衰减和通带波纹，应增加过渡带采样点；为了使边界频率更精确，过渡带更窄，应加大取样点数 N。

5.5　FIR 与 IIR 数字滤波器的比较

1．实现手段

IIR 数字滤波器的设计是基于经典模拟滤波器的理论和设计方法来实现的。由于理想频率特性无法实现，模拟滤波器的设计采用了逼近的思想，本书介绍了通过巴特沃思逼近方法设计模拟低通滤波器的方法，进而通过模拟频率变换法和双线性变换法获得所需的 IIR 数字滤波器的系统函数。

对于 FIR 数字滤波器，时域设计采用窗函数法来逼近所要求的 FIR 数字滤波器的技术指标，并选择合适的线性相位的滤波器类型；频域设计采用频率取样法来逼近所要求的 FIR 数字滤波器的技术指标。

2．在相同技术指标下滤波器的阶数

在相同的技术指标下，IIR 数字滤波器的阶数要比 FIR 数字滤波器的低很多。这是因为 IIR 数字滤波器是递归型滤波器，因此阶数通常不高。由于 FIR 数字滤波器的阶数高，因此其在实际应用时会造成延时，为了提高运算效率，可以采用 FFT 来实现 FIR 数字滤波器。

3．稳定性

IIR 数字滤波器由于系统函数有极点，因此存在稳定性的问题。但 FIR 数字滤波器由于只在原点处有 $N-1$ 阶极点，因此系统总是稳定的。

4．相位失真

IIR 数字滤波器的设计通常基于双线性变换法，因而其相位是非线性的，所以 IIR 数字滤波器适合对相位要求不高的应用。例如，人耳对语声信号的相位失真不敏感，选用 IIR 数字滤波器较为合适。而 FIR 数字滤波器则能保证严格的线性相位，适合处理对相位失真较为敏感的图像等。

本 章 小 结

本章重点介绍了线性相位 FIR 数字滤波器的两种设计方法:窗函数法和频率取样法。本章首先定义并明确了满足严格线性相位和广义线性相位 FIR 数字滤波器的约束条件;其次,根据系统单位冲激响应 $h(n)$ 长度 N 的奇偶性,将线性相位 FIR 数字滤波器分成了 4 种类型,阐明了各类滤波器的零点分布情况、特点和适用范围;再次,以矩形窗为例分析了时域加窗存在的吉布斯效应,比较了常用窗函数的性能和技术指标;最后,分别讨论了利用窗函数法和频率取样法设计 4 种类型 FIR 数字滤波器的步骤。本章的重要知识点如下:

(1) 线性相位 FIR 滤波器的约束条件;

(2) 4 种类型线性相位 FIR 数字滤波器的特点;

(3) 线性相位 FIR 数字滤波器的零点分布;

(4) 吉布斯效应;

(5) 窗函数法;

(6) 频率取样法。

习 题

5.1 FIR 数字滤波器的系统函数为

$$H(z) = \frac{1}{9}\left[1 - 3z^{-1} + 5z^{-2} - 3z^{-3} + z^{-4}\right]$$

求其 $h(n)$、幅度函数 $H(\omega)$ 和相位函数 $\varphi(\omega)$。

5.2 一个因果线性相位 FIR 数字滤波器的 $h(n)$ 是实数,如果 $h(0) = 10$ 且系统函数仅在 $z = 0.8e^{-j\frac{\pi}{4}}$ 和 $z = -1$ 处各有一个零点,求最低阶 $H(z)$。

5.3 一个因果线性相位 FIR 数字滤波器的 $h(n)$ 是实数,如果 $h(0) = 5$ 且系统函数仅在 $z = 0.5e^{j\frac{\pi}{3}}$,$z = -1$ 和 $z = 1$ 处各有一个零点,求一个 8 阶偶对称 $H(z)$。

5.4 用矩形窗设计一个线性相位 FIR 数字低通滤波器:

$$H_d(e^{j\omega}) = \begin{cases} e^{-j\omega\tau}, & 0 \leqslant |\omega| \leqslant \omega_c \\ 0, & \omega_c < |\omega| \leqslant \pi \end{cases}$$

(1) 求 $h_d(n)$;

(2) 求 $h(n)$,并确定 τ 与 N 的关系;

(3) 讨论 N 取奇数和偶数对滤波器性能有什么影响。

5.5 用矩形窗设计一个线性相位 FIR 数字低通滤波器,其模拟频率响应的振幅函数为

$$H_a(j\Omega) = \begin{cases} 1, & 0 \leqslant |f| \leqslant 500 \text{ Hz} \\ 0, & 其他 \end{cases}$$

数据长度为 10 ms,抽样频率为 $f_s = 2 \text{ kHz}$,阻带衰减为 -20 dB,计算出线性相位 FIR 数字

滤波器的过渡带宽。

5.6 用窗函数法设计第一类线性相位 FIR 数字高通滤波器。已知 3 dB 截止频率为 $\frac{3\pi}{4}$ rad，阻带最小衰减为 $A_s = -50$ dB，过渡带宽为 $\Delta\omega = \frac{\pi}{16}$。

5.7 用汉明窗设计一个线性相位 FIR 数字带通滤波器：

$$H_d(e^{j\omega}) = \begin{cases} e^{-j\omega\alpha}, & \omega_0 - \omega_c \leqslant |\omega| \leqslant \omega_0 + \omega_c \\ 0, & \text{其他} \end{cases}$$

(1) 求 N 为奇数时的 $h(n)$；

(2) 求 N 为偶数时的 $h(n)$。

5.8 利用窗函数法设计一个线性相位 FIR 数字带阻滤波器，阻带衰减不小于 -50 dB，其性能指标要求如图 5.28 所示，并画出其线性相位结构示意图。

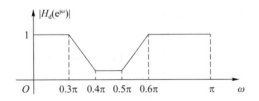

图 5.28 滤波器的性能指标

5.9 设计一个线性相位 FIR 数字带通滤波器满足下列指标：取样频率为 16 kHz；中心频率为 4 kHz；通带边缘在 3 kHz 和 5 kHz 之间；过渡带宽为 1 kHz；阻带衰减为 -45 dB。

5.10 试用频率抽样法设计一个线性相位 FIR 数字高通滤波器，已知 $\omega_c = 0.5\pi$ rad，$N = 51$，并画出频率取样结构。

第6章 数字滤波器的实现结构

数字滤波器是离散时间系统,可以由差分方程、单位冲激响应 $h(n)$、系统函数 $H(z)$ 等不同的形式来描述,因而有不同的实现方法。前面分别介绍了 IIR 和 FIR 数字滤波器的设计方法,并最终用系统函数 $H(z)$ 来表示。需要指出的是,由于分子和分母多项式分解和组合方式存在差异,因此即便对于同一个系统函数 $H(z)$,也可以构造不同的实现结构,以满足稳定性、精度以及运算速度等需求。在研究数字滤波器的技术指标时,不仅要设计它们的系统函数,还要分析不同的实现结构。本章分别介绍 IIR 和 FIR 数字滤波器的常用实现结构。

6.1 IIR 数字滤波器的实现结构

IIR 数字滤波器的单位冲激响应 $h(n)$ 具有无限长度,其系统函数 $H(z)$ 在有限 z 平面上存在极点,因而结构上存在反馈环路,即递归结构。此外,把系统函数 $H(z)$ 因式分解为零、极点形式,或者展成部分分式的形式,可以相应地得到 IIR 数字滤波器的 3 种基本实现结构:直接型、级联型和并联型。

6.1.1 直接型结构

一个 IIR 数字滤波器的差分方程的一般形式为

$$y(n) = \sum_{i=0}^{M} a_i x(n-i) + \sum_{i=1}^{N} b_i y(n-i) \tag{6.1}$$

对式(6.1)两边进行 z 变换,可得

$$Y(z) = \sum_{i=0}^{M} a_i z^{-i} X(z) + \sum_{i=1}^{N} b_i z^{-i} Y(z) \tag{6.2}$$

从式(6.2)可以得到系统函数:

$$H(z) = \frac{Y(z)}{X(z)} = \frac{\sum_{i=0}^{M} a_i z^{-i}}{1 - \sum_{i=1}^{N} b_i z^{-i}} \tag{6.3}$$

1. 直接 I 型

系统函数 $H(z)$ 可以表示成两个子系统 $H_1(z)$ 和 $H_2(z)$ 的乘积,即

$$H(z) = \frac{Y(z)'}{X(z)} = H_1(z) H_2(z) \tag{6.4}$$

其中,

$$H_1(z) = \sum_{i=0}^{M} a_i z^{-i} \tag{6.5}$$

$$H_2(z) = \frac{1}{1 - \sum_{i=1}^{N} b_i z^{-i}} \tag{6.6}$$

$H_1(z)$ 对应系统函数 $H(z)$ 的分子多项式,即实现滤波器的零点,而 $H_2(z)$ 对应系统函数 $H(z)$ 的分母多项式,即实现滤波器的极点。

因此,IIR 数字滤波器的直接 I 型结构如图 6.1 所示。其中 $H_1(z)$ 反映了 $H(z)$ 的分子部分(即前向支路或零点网络),而 $H_2(z)$ 则体现了 $H(z)$ 的分母(即反馈支路或极点网络)。

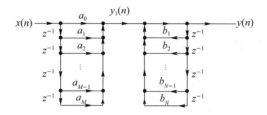

图 6.1 IIR 滤波器的直接 I 型结构

2. 直接 II 型及正准型

对于线性时不变系统,级联系统的总输入、输出关系和子系统的级联次序无关,交换级联次序不影响系统的特性,即

$$H(z) = H_1(z) H_2(z) = H_2(z) H_1(z)$$

因此,可以将图 6.1 中左、右两个网络对调,如图 6.2 所示。这也是 IIR 滤波器的直接结构,称为直接 II 型。

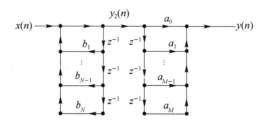

图 6.2 IIR 滤波器的直接 II 型结构

由图 6.2 可以看出,两条 z^{-1} 的支路有相同的输入,可以将 $H_2(z)$ 系统的延时器和 $H_1(z)$ 系统的延时器共用,得到图 6.3 所示的正准 I 型结构,可节省近一半的延时器。此外,利用信号流图的转置定理还可以由图 6.3 得到图 6.4 所示的正准 II 型结构。

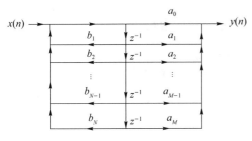

图 6.3　正准 I 型

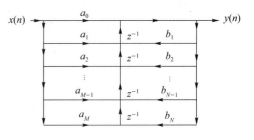

图 6.4　正准 II 型

IIR 数字滤波器的直接型结构和正准型结构的优点是简单直观,但共同的缺点是系统频率特性对其零点和极点位置变化的灵敏度高,某个分母系数的变化将影响所有的极点,而某个分子系数的改变也将影响所有的零点。因此,直接型结构对有限字长效应[①]比较敏感,易出现不稳定现象,尤其当滤波器阶次较高(如 $N>3$)时更明显。此时,应避免采用直接型和正准型结构,而是下文所述的级联型、并联型等结构。

【例 6.1】用直接 I 型和正准 I 型结构实现系统函数 $H(z) = \dfrac{1 + 2z^{-1} + z^{-2}}{1 - 0.75z^{-1} + 0.125z^{-2}}$。

解:用直接 I 型结构实现如图 6.5 所示。

用正准 I 型结构实现如图 6.6 所示。

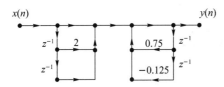

图 6.5　用直接 I 型结构实现

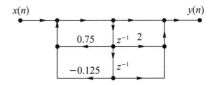

图 6.6　用正准 I 型结构实现

6.1.2　级联型结构

将式(6.3)的分子和分母多项式进行因式分解,分解为一阶和二阶的实系数因子,即

$$H(z) = \frac{\displaystyle\sum_{i=0}^{M} a_i z^{-i}}{1 - \displaystyle\sum_{i=1}^{N} b_i z^{-i}} = A\frac{\displaystyle\prod_{i=1}^{M}(1 - c_i z^{-1})}{\displaystyle\prod_{i=1}^{N}(1 - d_i z^{-1})} \tag{6.7}$$

由于系数 a_i、b_i 为实数,因此零点 c_i 和极点 d_i 一定以单实根或者共轭复根的形式出现,即

$$H(z) = A\frac{\displaystyle\prod_{i=1}^{M_1}(1 - q_i z^{-1})\prod_{i=1}^{M_2}(1 - \alpha_i z^{-1})(1 - \alpha_i^* z^{-1})}{\displaystyle\prod_{i=1}^{N_1}(1 - p_i z^{-1})\prod_{i=1}^{N_2}(1 - \beta_i z^{-1})(1 - \beta_i^* z^{-1})}$$

式中 $M_1 + 2M_2 = M$,$N_1 + 2N_2 = N$,q_i、p_i 为实根,α_i、β_i 为共轭复根。

---

　　① 对于一个数字系统,其存储单元的字长是有限的,因此由有限字长表示的数值具有有限精度,即和真值存在误差,这有可能导致实现的系统达不到设计要求。

每一对共轭复根又可合并为实系数的二阶因式,即有

$$H(z) = A \frac{\prod\limits_{i=1}^{M_1}(1 - q_i z^{-1})\prod\limits_{i=1}^{M_2}(1 + \alpha_{1i} z^{-1} + \alpha_{2i} z^{-2})}{\prod\limits_{i=1}^{N_1}(1 - p_i z^{-1})\prod\limits_{i=1}^{N_2}(1 + \beta_{1i} z^{-1} + \beta_{2i} z^{-2})} \tag{6.8}$$

再将单实根因式看作二阶因式的特例(二阶项 α_{2i}、β_{2i} 为零),设 $N \geqslant M$,最终将 $H(z)$ 分解为 L 个实系数二阶因式的乘积:

$$H(z) = A \prod_{i=1}^{L} \frac{1 + \alpha_{1i} z^{-1} + \alpha_{2i} z^{-2}}{1 + \beta_{1i} z^{-1} + \beta_{2i} z^{-2}} = A \prod_{i=1}^{L} H_i(z) \tag{6.9}$$

L 由 N 确定:若 N 为偶数,则每个 $H_i(z)$ 都是 z^{-1} 的二次式,此时 $L = \dfrac{N}{2}$;若 N 为奇数,则 $L = \dfrac{N+1}{2}$,且其中存在一个一次式的 $H_i(z)$。$H_i(z)$ 称为二阶基本节,一般采用正准型结构来实现。因此整个 IIR 数字滤波器就可以用 L 个二阶基本节级联构成,如图 6.7 所示。图 6.7 中的每个二阶基本节可以采用正准 I 型实现,也可以采用正准 II 型实现。

图 6.7 IIR 数字滤波器级联型中二阶子网络的实现结构

【例 6.2】用级联型结构实现系统函数 $H(z) = \dfrac{1 + \dfrac{1}{2} z^{-1}}{1 - \dfrac{5}{6} z^{-1} + \dfrac{1}{6} z^{-2}}$。

解:对 $H(z)$ 进行因式分解,得

$$H(z) = \frac{1 + \dfrac{1}{2} z^{-1}}{1 - \dfrac{5}{6} z^{-1} + \dfrac{1}{6} z^{-2}} = \frac{1 + \dfrac{1}{2} z^{-1}}{\left(1 - \dfrac{1}{2} z^{-1}\right)\left(1 - \dfrac{1}{3} z^{-1}\right)} = \frac{1 + \dfrac{1}{2} z^{-1}}{\left(1 - \dfrac{1}{2} z^{-1}\right)} \cdot \frac{1}{\left(1 - \dfrac{1}{3} z^{-1}\right)}$$

它包含二个一阶子网络,其级联型实现结构如图 6.8 所示。

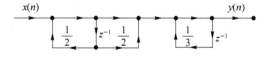

图 6.8 例 6.2 的级联型实现结构

IIR 数字滤波器的级联型实现结构的特点是每个二阶基本节系数的变化只影响该子网络的零、极点,因此易于准确实现滤波器的零、极点以及调整滤波器的频率特性。在级联型实现结构中,各二阶基本节的级联顺序可以调整,且零、极点的搭配也可以改变,因此同一个系统函数的级联型结构并不唯一。对于无限精度运算,每种组合的实现效果一样。但是对实际的有限字长运算来讲,不同的搭配和排列将产生不同的误差,产生的误差会传递积累,而且对零、极点位置变化的灵敏度也不同。在通常情况下,把互相最靠近的零、极点配对到一起,以避免在极点处出现大的幅频响应。

6.1.3 并联型结构

将系统函数 $H(z)$ 展开成部分分式之和,就得到了 $H(z)$ 的并联型结构。如果在部分分式展开时,将共轭极点对应的部分分式合并为二阶实系数分式,则 $H(z)$ 可以表示为

$$H(z) = \frac{\displaystyle\sum_{i=1}^{M} a_i z^{-i}}{1 - \displaystyle\sum_{i=1}^{N} b_i z^{-i}}$$

$$= \sum_{i=1}^{N_1} \frac{A_i}{1 + p_i z^{-1}} + \sum_{i=1}^{N_2} \frac{\alpha_{0i} + \alpha_{1i} z^{-1}}{1 + \beta_{1i} z^{-1} + \beta_{2i} z^{-2}} + \sum_{i=0}^{M-N} C_i z^{-i} \qquad (6.10)$$

其中 $N = N_1 + 2N_2$。若 $M < N$,则不包括余式 $\displaystyle\sum_{i=0}^{M-N} C_i z^{-i}$ 这部分;若 $M = N$,则这部分为 C_0。根据式(6.10),分别画出各子网络的正准型结构,再将这些子网络并联即可得到 IIR 滤波器的并联型实现结构,如图 6.9 所示。

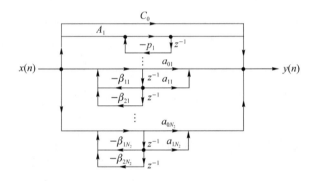

图 6.9　IIR 数字滤波器的并联型实现结构

并联型结构的并联支路互相独立,各自的误差互不影响。因此,各个子网络并联的次序并不重要,系统对有限字长效应不敏感。由于并联支路的极点也是整个网络的极点,而并联支路的零点却不一定是整个网络的零点,因此,并联型结构可独立地调整极点位置,但不能控制零点。并联型结构的零点对系数量化误差更敏感,这是并联型结构的主要缺点。

综上,可以从不同的手段(因式分解、部分分式展开等)对系统函数进行分解,相应地导出 IIR 数字滤波器不同的实现结构,在工程上可根据具体需求选择较为合适的结构。

【例 6.3】用并联型结构实现系统函数 $H(z) = \dfrac{1 + \dfrac{1}{2} z^{-1}}{1 - \dfrac{5}{6} z^{-1} + \dfrac{1}{6} z^{-2}}$。

解:对 $H(z)$ 进行部分分式展开,得

$$H(z) = \frac{1 + \dfrac{1}{2} z^{-1}}{1 - \dfrac{5}{6} z^{-1} + \dfrac{1}{6} z^{-2}} = \frac{1 + \dfrac{1}{2} z^{-1}}{\left(1 - \dfrac{1}{2} z^{-1}\right)\left(1 - \dfrac{1}{3} z^{-1}\right)} = \frac{6}{1 - \dfrac{1}{2} z^{-1}} - \frac{5}{1 - \dfrac{1}{3} z^{-1}}$$

其并联型实现结构如图 6.10 所示。

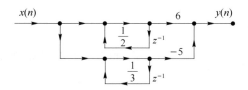

图 6.10 例 6.3 的并联型实现结构

6.2 FIR 数字滤波器的实现结构

FIR 数字滤波器的实现结构包括直接型结构、级联型结构和线性相位结构以及频率取样结构。

6.2.1 直接型结构

FIR 数字滤波器的差分方程和系统函数分别为 $y(n) = \sum_{i=0}^{N-1} h(i)x(n-i) = h(n) * x(n)$

和 $H(z) = \sum_{n=0}^{N-1} h(n)z^{-n}$。因此可以直接得到 FIR 数字滤波器的直接型结构,如图 6.11 所示。FIR 数字滤波器的直接型结构也被称作卷积型结构或者横截型结构。

图 6.11 FIR 数字滤波器的直接型结构

【例 6.4】用直接型结构实现如下的系统函数:

$$H(z) = \left(1 - \frac{1}{2}z^{-1}\right)(1 + 6z^{-1})(1 - 2z^{-1})\left(1 + \frac{1}{6}z^{-1}\right)(1 - z^{-1})$$

解:
$$H(z) = \left(1 - \frac{1}{2}z^{-1}\right)(1 + 6z^{-1})(1 - 2z^{-1}) \times \left(1 + \frac{1}{6}z^{-1}\right)(1 - z^{-1})$$

$$= \left(1 - \frac{1}{2}z^{-1} - 2z^{-1} + z^{-2}\right) \times \left(1 + \frac{1}{6}z^{-1} + 6z^{-1} + z^{-2}\right)(1 - z^{-1})$$

$$= 1 + \frac{8}{3}z^{-1} - \frac{205}{12}z^{-2} + \frac{205}{12}z^{-3} - \frac{8}{3}z^{-4} - z^{-5}$$

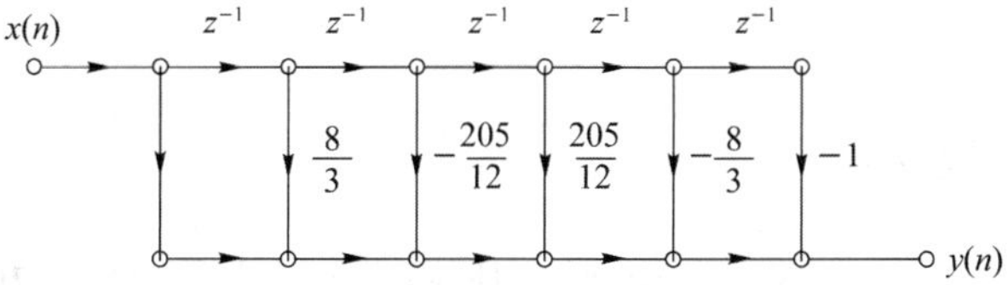

图 6.12 例 6.4 的直接型结构

6.2.2 级联型结构

将 FIR 数字滤波器的系统函数 $H(z)$ 进行因式分解,并将共轭成对的零点合并成二阶实系数因式,即

$$H(z) = \sum_{n=0}^{N-1} h(n)z^{-n} = \prod_{i=0}^{K} (\alpha_{0i} + \alpha_{1i}z^{-1} + \alpha_{2i}z^{-2}) \tag{6.11}$$

若含有一阶因式,则系数 $\alpha_{2i} = 0$。这里 K 表示 $\dfrac{N-1}{2}$ 到 $N-1$ 范围内的某一整数,根据式 (6.11) 可以得到 FIR 数字滤波器的级联型结构,它是由一系列二阶子网络级联而成的,如图 6.13 所示。图中每一个二阶基本节控制一对零点,即零点可以独立调整,且系统特性随零点位置变化的灵敏度优于直接型结构。但此结构所需的乘法运算量通常比直接型结构所需的运算量大。

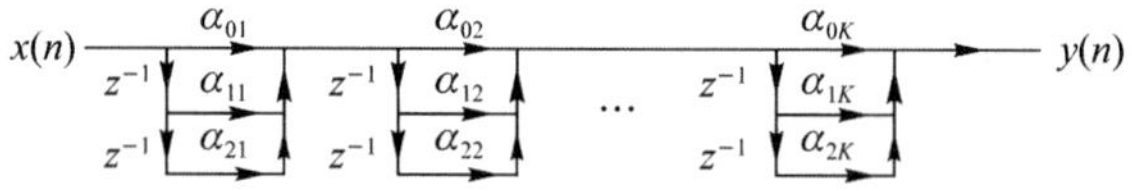

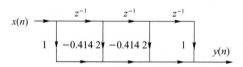

图 6.13　FIR 数字滤波器的级联型结构

【例 6.5】　一个 FIR 数字滤波器由下列系统函数给定:
$$H(z) = (1 - 1.414\ 2z^{-1} + z^{-2})(1 + z^{-1})$$
画出其直接型和级联型结构。

解: 直接型:如图 6.14 所示。

$$H(z) = (1 - 1.414\ 2z^{-1} + z^{-2})(1 + z^{-1}) = 1 - 0.414\ 2z^{-1} - 0.414\ 2z^{-2} + z^{-3}$$

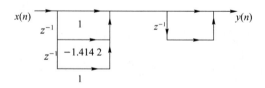

图 6.14　例 6.5 的直接型结构

级联型:由 $H(z)$ 的表达式,可以直接画出级联型结构,如图 6.15 所示。

图 6.15　例 6.5 的级联型结构

6.2.3 线性相位结构

我们知道,当 $h(n) = \pm h(N-1-n)$ 时,FIR 数字滤波器具有线性相位特性。利用 $h(n)$ 的对称条件以及 N 的奇偶性可以得到 FIR 数字滤波器 4 种类型的线性相位结构。

1. Ⅰ型线性相位结构

Ⅰ型线性相位 FIR 数字滤波器的 $h(n)=h(N-1-n)$，其中 N 为奇数。因此系统函数 $H(z)$ 可以分解为

$$H(z) = \sum_{n=0}^{N-1} h(n)z^{-n} = \sum_{n=0}^{\frac{N-1}{2}-1} h(n)z^{-n} + \sum_{n=\frac{N-1}{2}+1}^{N-1} h(n)z^{-n} + h\left(\frac{N-1}{2}\right)z^{-\frac{N-1}{2}}$$

$$= \sum_{n=0}^{\frac{N-1}{2}-1} h(n)\left[z^{-n} + z^{-(N-1-n)}\right] + h\left(\frac{N-1}{2}\right)z^{-\frac{N-1}{2}} \qquad (6.12)$$

其对应的网络结构如图 6.16 所示。

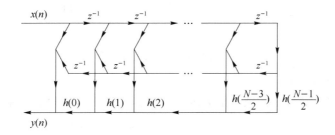

图 6.16 Ⅰ型 FIR 数字滤波器的线性相位结构

2. Ⅱ型线性相位结构

Ⅱ型线性相位 FIR 数字滤波器的 $h(n)=h(N-1-n)$，其中 N 为偶数。因此系统函数 $H(z)$ 可以分解为

$$H(z) = \sum_{n=0}^{N-1} h(n)z^{-n} = \sum_{n=0}^{\frac{N}{2}-1} h(n)z^{-n} + \sum_{n=\frac{N}{2}}^{N-1} h(n)z^{-n}$$

$$= \sum_{n=0}^{\frac{N}{2}-1} h(n)z^{-n} + \sum_{n=0}^{\frac{N}{2}-1} h(N-1-n)z^{-(N-1-n)}$$

$$= \sum_{n=0}^{\frac{N}{2}-1} h(n)\left[z^{-n} + z^{-(N-1-n)}\right] \qquad (6.13)$$

其对应的网络结构如图 6.17 所示。

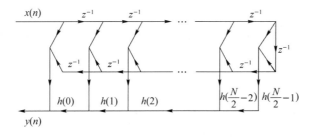

图 6.17 Ⅱ型 FIR 数字滤波器的线性相位结构

3. Ⅲ型线性相位结构

Ⅲ型线性相位 FIR 数字滤波器的 $h(n)=-h(N-1-n)$，其中 N 为奇数。因此系统函

数 $H(z)$ 可以分解为

$$H(z) = \sum_{n=0}^{\frac{N-1}{2}-1} h(n)\left[z^{-n} - z^{-(N-1-n)}\right] \tag{6.14}$$

其对应的网络结构如图 6.18 所示。

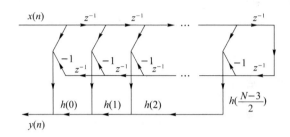

图 6.18　Ⅲ型 FIR 数字滤波器的线性相位结构

4. Ⅳ型线性相位结构

Ⅳ型线性相位 FIR 数字滤波器的 $h(n) = -h(N-1-n)$，其中 N 为偶数。因此系统函数 $H(z)$ 可以分解为

$$H(z) = \sum_{n=0}^{\frac{N}{2}-1} h(n)\left[z^{-n} - z^{-(N-1-n)}\right] \tag{6.15}$$

其对应的网络结构为图 6.19 所示。

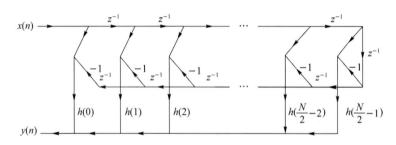

图 6.19　Ⅳ型 FIR 数字滤波器的线性相位结构

从 4 种类型的线性相位结构图中可以看出，线性相位结构中的乘法器数量比直接型结构中的减少了近一半。

【例 6.6】 给出系统函数为 $H(z) = \dfrac{1}{5}(1 + 3z^{-1} + 5z^{-2} + 3z^{-3} + z^{-4})$ 的 FIR 数字滤波器的线性相位结构。

解：由 $H(z)$ 可知，

$$h(n) = \frac{1}{5}\delta(n) + \frac{3}{5}\delta(n-1) + \delta(n-2) + \frac{3}{5}\delta(n-3) + \frac{1}{5}\delta(n-4)$$

即 $h(n)$ 偶对称，对称中心在 $n = \dfrac{N-1}{2} = 2$ 处，由于 N 为奇数（$N=5$），因此该滤波器是Ⅰ型线性相位 FIR 数字滤波器，其结构如图 6.20 所示。

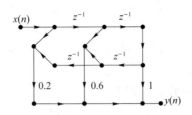

图 6.20　例 6.6 的线性相位结构

6.2.4　频率取样结构

第 5 章介绍了利用频率取样法设计 FIR 数字滤波器时,可以通过 z 域内插公式,直接由频域采样值 $H_d(k)$ 求出系统函数 $H(z)$,即

$$H(z) = \frac{1-z^{-N}}{N}\sum_{k=0}^{N-1}\frac{H_d(k)}{1-W_N^{-k}z^{-1}} \tag{6.16}$$

其中 $H_d(k)$ 可以通过对理想滤波器的频率响应 $H_d(e^{j\omega})$ 在 $[0,2\pi)$ 区间内等间隔采样 N 点得到,即

$$H_d(k) = H_d(e^{j\omega})\Big|_{\omega=\frac{2\pi k}{N}} \quad k=0,\cdots,N-1 \tag{6.17}$$

将式(6.16)写成式(6.18):

$$H(z) = \frac{1}{N}H_c(z)\Big[\sum_{k=0}^{N-1}H_k(z)\Big] \tag{6.18}$$

$$H_c(z) = 1-z^{-N} \tag{6.19}$$

$$H_k(z) = \frac{H_d(k)}{1-W_N^{-k}z^{-1}} \tag{6.20}$$

其中:$H_c(z)$ 称为梳状滤波器,在 $z=0$ 处有 N 阶极点,以及 N 个零点 $z_k=e^{j\frac{2\pi}{N}k}$, $k=0,\cdots,N-1$,它们均匀地分布在单位圆上;$H_k(z)$ 是 FIR 数字滤波器的一阶子网络,有一个极点 W_N^{-k}。$\sum_{k=0}^{N-1}H_k(z)$ 是 N 个一阶子网络 $H_k(z)$ 的并联,共有 N 个极点,即 $z_k=W_N^{-k}=e^{j\frac{2\pi}{N}k}$, $k=0,\cdots,$ $N-1$,并且这 N 个极点也均匀地分布在单位圆上。

FIR 数字滤波器的频率取样结构就是由梳状滤波器和 N 个一阶子网络 $H_k(z)$ 的并联结构级联而成的,网络结构如图 6.21 所示。

理论上,梳状滤波器在单位圆上等间隔分布的 N 个零点和并联网络 $\sum_{k=0}^{N-1}H_k(z)$ 在单位圆上等间隔分布的 N 个极点是可以相互抵消的。但在实际中往往无法实现完全抵消,这是因为梳状滤波器 $H_c(z)$ 的零点 $z_k=e^{j\frac{2\pi}{N}k}$ 是靠延时来实现的,所以能准确得到,而并联网络

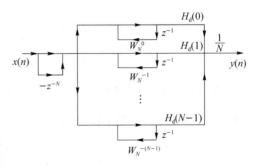

图 6.21　FIR 数字滤波器的频率取样结构

在单位圆上的极点 $z_k=W_N^{-k}=e^{j\frac{2\pi}{N}k}$ 是通过复数乘法得到的,故不能准确实现。这样单位圆上

的极点不能被零点完全抵消,滤波器会出现不稳定现象,因此,实际应用中需对上述网络结构进行修正。修正的方法是将单位圆上的零点和极点都移到半径为 r 且 r 略小于 1 的圆上,即在半径为 $r(r<1,$ 且 $r\approx1)$ 的圆上进行频率取样。这样即使这些极点不能完全被零点抵消,由于其处于单位圆内,系统也依然稳定。

用 rz^{-1} 来代替式(6.16)中的 z^{-1},即有

$$H(z) = \frac{(1-r^N z^{-N})}{N} \sum_{k=0}^{N-1} \frac{H_d(k)}{1-r W_N^{-k} z^{-1}}$$

$$= \frac{1}{N} H_c(z) \sum_{k=0}^{N-1} \frac{H_d(k)}{1-r W_N^{-k} z^{-1}} \tag{6.21}$$

其中,$H_c(z)=(1-r^N z^{-N})$。这样梳状滤波器的 N 个零点 $z_k=re^{j\frac{2\pi}{N}k}(k=0,1,\cdots,N-1)$ 移到了半径为 r 的圆上;并联网络的 N 个极点 $z_k=rW_N^{-k}=re^{j\frac{2\pi}{N}k}(k=0,1,\cdots,N-1)$ 也移到了半径为 r 的圆上。

在实际应用中,由于 $h(n)$ 都为实序列,因此利用周期性:$W_N^{-(N-k)}=W_N^k$,$\widetilde{H}(-k)=\widetilde{H}(N-k)$,可以得到

$$\widetilde{H}_d^*(k) = \Big[\sum_{n=0}^{N-1} h_d(n) W_N^{nk}\Big]^* = \sum_{n=0}^{N-1} h_d(n) W_N^{-nk} = \widetilde{H}_d(-k) = \widetilde{H}_d(N-k) \tag{6.22}$$

设 $0<k\leqslant N-1$,则有 $0<N-k\leqslant N-1$,此时有

$$H_d^*(k)=H_d(N-k) \tag{6.23}$$

因此可以将并联网络 $\sum_{k=0}^{N-1} H_k(z)$ 中第 k 项 $H_k(z)$ 及第 $N-k$ 项 $H_{N-k}(z)$ 合并为一个二阶网络,则有

$$\frac{H_d(k)}{1-r W_N^{-k} z^{-1}} + \frac{H_d(N-k)}{1-r W_N^{-(N-k)} z^{-1}} = \frac{H_d(k)}{1-r W_N^{-k} z^{-1}} + \frac{H_d^*(k)}{1-r W_N^k z^{-1}}$$

$$= \frac{b_{0k}+b_{1k}z^{-1}}{1-2r\cos\left(\frac{2\pi}{N}k\right)z^{-1}+r^2 z^{-2}} \tag{6.24}$$

其中:$b_{0k}=2\mathrm{Re}[H_d(k)]$;$b_{1k}=-2\mathrm{Re}[rH_d(k)W_N^k]$;$k=0,1,\cdots,N-1$。显然,二阶子网络的系数都为实数。当滤波器的阶数 N 为偶数时,$H(z)$ 可以表示为

$$H(z) = \frac{(1-r^N z^{-N})}{N} \left[\frac{H_d(0)}{1-rz^{-1}} + \frac{H_d\left(\frac{N}{2}\right)}{1+rz^{-1}} + \sum_{k=1}^{\frac{N}{2}-1} \frac{b_{0k}+b_{1k}z^{-1}}{1-2r\cos\left(\frac{2\pi}{N}k\right)z^{-1}+r^2 z^{-2}}\right] \tag{6.25}$$

其中 $H_d(0)$ 和 $H_d\left(\frac{N}{2}\right)$ 为实数。式(6.25)对应的频率取样结构由 $\frac{N}{2}-1$ 个二阶网络和两个一阶网络并联构成,如图 6.22 所示。

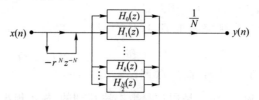

图 6.22　修正的频率取样型的网络结构(N 为偶数)

同理,当滤波器的阶数 N 为奇数时,$H(z)$ 可以表示为

$$H(z) = \frac{(1-r^N z^{-N})}{N}\left[\frac{H_d(0)}{1-rz^{-1}} + \sum_{k=1}^{\frac{N-1}{2}} \frac{b_{0k}+b_{1k}z^{-1}}{1-2r\cos\left(\frac{2\pi}{N}k\right)z^{-1}+r^2z^{-2}}\right] \qquad (6.26)$$

其中 $H_d(0)$ 为实数。式(6.26)对应的频率取样结构由 $\dfrac{N-1}{2}$ 个二阶网络和一个一阶网络并联构成。

本 章 小 结

　　本章分别给出了 IIR 和 FIR 数字滤波器常用的实现结构。可以通过对 IIR 数字滤波器的系统函数进行因式分解或者部分分式分解,得到直接型、级联型和并联型 3 种结构。直接型结构简单直观,但是系统的频率特性对其零点和极点位置变化的灵敏度高,某个分母系数的变化将影响所有的极点,且某个分子系数的改变也将影响所有的零点。级联型结构的特点是每个二阶基本节系数的变化只影响该子网络的零、极点,因此易于准确实现滤波器的零、极点以及调整滤波器的频率特性。并联型结构的并联支路互相独立,各自的误差互不影响,可独立地调整极点位置,但不能控制零点。FIR 数字滤波器的实现结构包括直接型结构、级联型结构、线性相位结构和频率取样结构。直接型和级联型与 IIR 数字滤波器的直接型和级联型具有同样的特点。由于 FIR 数字滤波器没有极点,所以没有并联型结构。线性相位结构可以减少乘法运算的次数,是最常用的 FIR 数字滤波器的实现结构。

习　　题

　　6.1　一个 IIR 数字滤波系统的差分方程为
$$y(n)-2.5y(n-1)+y(n-2)=2.3x(n)-1.6x(n-1)$$
画出其正准 I 型和并联型结构。

　　6.2　用正准 I 型和正准 II 型实现以下系统函数:

(1) $H(z)=\dfrac{5+3z^{-1}-z^{-2}}{1+2z^{-1}+3z^{-2}+z^{-3}}$;

(2) $H(z)=\dfrac{-z+2}{8z^2-2z-3}$。

　　6.3　用级联型及并联型实现如下传输函数:
$$H(z)=\frac{3z^3-3.5z^2+2.5z}{(z^2-z+1)(z-0.5)}$$

　　6.4　设滤波器的差分方程为
$$y(n)=x(n)+\frac{1}{3}x(n-1)+\frac{3}{4}y(n-1)-\frac{1}{8}y(n-2)$$
试用正准型及全部一阶的级联型、并联型结构实现。

6.5 已知某 FIR 数字滤波器的系统函数为 $H(z)=(1+z^{-1})(1-2z^{-1}+2z^{-2})$,试分别画出其直接型和级联型结构。

6.6 已知 $N=7$ 的 FIR 数字滤波器的冲激响应为

$$h(0)=-h(6)=2, \quad h(1)=-h(5)=-2, \quad h(2)=h(4)=1$$

画出其线性相位结构图。

6.7 设某 FIR 数字滤波器的系统函数为 $H(z)=\dfrac{1}{2}(1+3z^{-1}+5z^{-2}+3z^{-3}+z^{-4})$,试画出其线性相位结构。

6.8 已知 FIR 数字滤波器的 16 个频率取样值为 $H(0)=12,H(1)=0,H(2)=1+\mathrm{j}$, $H(3)$ 至 $H(13)=0,H(14)=1-\mathrm{j},H(15)=0$,计算其频率取样型结构(设修正半径 $r=1$)。

参考文献

［1］　门爱东,苏菲,王雷,等.数字信号处理［M］.2 版.北京:科学出版社,2009.

［2］　陈后金.数字信号处理［M］.3 版.北京:高等教育出版社,2018.

［3］　高西全,丁玉美.数字信号处理［M］.西安:西安电子科技大学出版社,2016.

［4］　程佩青.数字信号处理［M］.5 版.北京:清华大学出版社,2017.

［5］　奥本海姆 Ａ Ｖ,谢弗 Ｒ Ｗ.数字信号处理［M］.北京:科学出版社,1980.